기초에서 전문까지

이순형 지음

서문

 기후 위기에 의한 에너지 문제는 더 이상 늦출 수 없다. 올해 겨울만 봐도 그렇다. 한국은 이상기온의 최전선에 있다. 이상난동 현상이나 최근 중국 내륙의 난데없는 눈사태는 기후가 불과 몇십 년 사이에 바뀌고 있음을 시사한다.

 재생에너지 가운데 풍력은 지구가 인류에게 선사하는 가장 자연적인 에너지원이고 청정에너지의 대명사처럼 회자한다. 그간 국내에서 접근을 잘못해서 각종 민원의 온상이 되었지만, 그래도 풍력만큼 자연 훼손없이 청정에너지를 공급하는 원천은 드물다. 특히 해상풍력은 말 그대로 비용 대비 효율이 가장 높은 편에 속한다. 해상풍력 중에서도 먼바다 해상풍력 발전은 첨단 기술발전과 더불어 세계적으로 가장 확산 속도가 빠르다.

 자연환경 훼손 등으로 육상풍력은 여러 가지 제약 요건이 심하다. 반면 비교적 설치가 쉬운 해상풍력 발전은 각국에서 적극적으로 투자하고 있다. 삼면이 바다로 싸인 우리나라는 그 속도가 늦다.

 세계 각국이 풍력발전 기술개발에 적극 투자하고 있는 이유는 첫째, 환경오염 물질의 배출이 없다는 점이고, 둘째, 에너지의 순 국산화에 있다. 이는 지정학적 리스크를 줄이는 요인이 된다. 셋째, 다른 발전원에 비해 비교적 설치 비용이 저렴하다는 점이며, 넷째, 이산화탄소를 포함한 온실가스 배출량 감축에 대한 경제적 사회적 공헌도가 높다는 점이다.

신·재생에너지 가운데, 특히 풍력발전의 CO_2 배출은 화석연료와 비교해 매우 적어 지구온난화 방지에 크게 이바지할 수 있다. 아울러 산성비의 원인이 되는 질소산화물이나 황화물도 전혀 배출하지 않고 당연히 방사성 물질도 배출하지 않는 청정 전원이다. 풍력발전은 단순히 환경 문제에 공헌할 뿐만 아니라 전 세계 국가에서 에너지 전략상으로도 점점 중요시되고 있다. 한국으로서는 지정학적 리스크가 없는 에너지 확보가 절실하다는 점에서 풍력을 비롯한 신·재생에너지 프로젝트에 집중해야 한다.

미국은 전 세계 해상풍력 시장이 2032년까지 연평균 16%씩 성장할 것으로 할 것이다. 현재보다 20배가 넘는 거대한 시장이 될 것으로 예상한다. 미국 정부는 해상풍력의 이점을 가장 먼저 깨달은 나라다. 2030년까지 해상풍력 발전량을 30GW 수준으로 늘린다. 이는 1,000만 가구에 전력을 공급하고 일자리 10만 개를 창출하는 것을 목표로 한다. 바이든 정부는 이로써 2030년까지 1,660억 달러의 경제적 파급효과와 매년 17억 달러의 세수를 창출한다는 계획을 하고 있다.

유럽은 재생에너지 비중에서 가장 앞선 지역이다. 이미 재생에너지 비중이 20%를 넘어섰다. 유럽연합(EU)은 2030년까지

80GW, 2050년까지 300GW 규모로 해상풍력 발전량을 늘려 나간다는 계획이다. 특히 독일과 네덜란드는 여타 유럽 국가와 합세해 130억 유로의 북해 해상풍력 투자협정을 체결했다.

우리나라도 이에 질세라 고군분투하고 있다. 다행히 해상풍력의 기반 산업이라고 할 수 있는 조선과 철강, 기계 등 분야에서 경쟁력 우위에 있다. 이는 해상풍력 발전에서 큰 장점이라 할 수 있다. 우리 기술력을 이대로 발전시킨다면 해상풍력을 통해 비좁은 국토 여건에도 에너지 수급난을 완화할 수 있다. 세계 어느 국가보다 더 앞서나갈 수 있는 기반 기술을 우리는 갖고 있다.

육상풍력은 자연을 훼손할 수밖에 없지만, 해상풍력은 이런 우려가 전혀 없다. 즉 해상풍력 발전사업을 위해서는 어민 및 어족 자원 보호 등 갈등만 제대로 해소하면 걸림돌이 없다.

이 책은 기술적인 내용보다는 풍력발전의 정책과 에너지 전환이란 관점에서 정리했으며, 향후 후속편으로 전문 기술적인 내용을 중심으로 집필하고자 한다. 그리고 육상풍력과 해상풍력 발전을 위한 갖가지 기초 및 전문 지식을 쉽게 풀어썼다. 총 9장으로 나눠 설명했으며 장별로 각각 숙독해도 무리없도록 집필하였다.

2024년 2월
동신대학교 연구실에서 **이순형**

목차

머리말_3

제1장 풍력발전의 일반 개요 _ 11

풍력발전이 절실한 배경 _ 11
효율적인 풍력에너지의 조건 _ 14
에너지 회수 기간과 요금 체계 _ 15
풍력발전기 4가지 타입 _ 19
풍력발전과 사회적 대타협 _ 27

제2장 풍력발전 설비의 기술적 문제 _ 33

풍차의 종류 _ 33
베츠의 법칙 _ 35
양력계수와 항력계수 _ 40
양력형 풍차와 항력형 풍차의 비교 _ 41
발전 효율 _ 43
풍력발전 단가, 미국의 3배 _ 47
다리우스형의 장점 _ 51
양력과 항력을 융합한 수직축 풍력발전기 _ 52
유도발전기와 동기발전기의 특징 _ 54
소형풍력의 장 단점 _ 60
독일의 사례 _ 64

제3장 발전장치와 전력변환장치 _ 69

동기발전기의 발전 _ 69

동기발전기를 사용한 시스템 구성 _ 71
유도발전기의 특성 _ 75
반도체 전력변환장치 _ 79

제4장 풍력발전 제어 시스템 _ 87

출력 제어의 일반적인 특징 _ 88
전통적 제어 시스템 _ 93
사전 검증에 대하여 _ 97
풍력터빈 제어에 미치는 변수 _ 99
실속 제어 기술 _ 101
피치제어 방법 _ 102

제5장 그린뉴딜 핵심은 해상풍력 _ 111

육상풍력과 해상풍력 _ 114
국내 해상풍력 기술 수준 _ 118
해상풍력발전의 장애 요인 _ 123
부유식 해상풍력발전 _ 127
신·재생에너지 확대에 따른 국가적 편익 _ 130
에너지 전환 시대와 풍력발전 _ 132
저비용의 RE 수용률 증가 방안 _ 139
스마트 그리드와 마이크로그리드 _ 146

제6장 풍력발전과 계통 연계 _ 153

풍력발전의 불안정성 _ 153
균형 유지 _ 156
과도안정 시스템의 필요성 _ 159
제주 전력 계통의 사례 _ 160
상승하는 불안정성 _ 164
전력품질 불균형의 심화 _ 169
잉여 전력의 처리 _ 173
계통 안정을 위한 무효전력 _ 177

제8장 전력계통 유연성 증대 방안 _ 189

전력계통 운용의 유형 _ 189
국내 전력유연성 개선 방안 _ 193
재생에너지의 증가와 출력제어 _ 197
풍력발전의 성장세 _ 201
풍력발전기의 대형화 추세 _ 202

제9장 장주기 ESS 기술의 성장성 _ 207

에너지저장 기술의 개요 _ 207
대용량 장주기 ESS 개발 동향 _ 210
전 세계 ESS 시장 전망 _ 212

제1장

풍력발전의 일반 개요

풍력발전이 절실한 배경
효율적인 풍력에너지의 조건
에너지 회수 기간과 요금 체계
풍력발전기 4가지 타입
풍력발전과 사회적 대타협

1 풍력발전의 일반 개요

⟟ 풍력발전이 절실한 배경

청정에너지를 찾는 인류의 노력이 지대한 가운데, 최근 수십 년간 풍력발전 설비 용량은 급증하고 있다. 풍력발전의 대형화나 성능 향상 등의 기술 진보로 이러한 추세는 가속화될 것이다. 풍력발전의 가장 큰 특징으로는 우선 청정에너지라는 점이다. 이산화탄소를 매우 적게 배출하는 청정에너지이고 태양을 기초로 하는 무궁무진한 바람 에너지를 이용하는 것이며, 신·재생에너지를 이용한 발전 방식 중에서는 비교적 발전 비용이 저렴하다는 것이다.

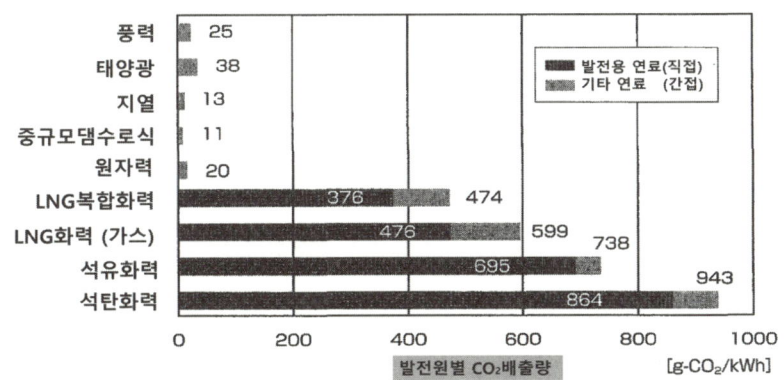

이를 좀 더 세부적으로 살펴보면 다음과 같이 설명할 수 있다.

세계 각국이 풍력발전 기술개발에 의욕을 보이는 이유는 첫째, 환경오염 물질의 배출이 극히 적다는 점이고, 둘째, 에너지의 순국산화에 있다. 이는 지정학적 리스크를 줄이는 요인이 된다. 셋째, 다른 발전원에 비해 비교적 설치 비용이 저렴하다는 점이며, 넷째, 이산화탄소를 포함한 온실가스 배출량 감축에 대한 경제적 사회적 공헌도가 높다는 점이다.

신·재생에너지 가운데, 특히 풍력발전의 CO_2의 배출은 화석연료와 비교해 매우 적어 지구온난화 방지에 크게 이바지할 수 있다. 아울러 산성비의 원인이 되는 질소산화물이나 황화물도 전혀 배출하지 않고 당연히 방사성 물질도 배출하지 않는 청정전원이다. 풍력발전은 단순히 환경 문제에 공헌할 뿐만 아니라 전 세계 국가에서 에너지 전략상으로도 점점 중요시되고 있다.

한국으로서는 지정학적 리스크가 없는 에너지 확보가 절실하다는 점에서 풍력을 비롯한 신·재생에너지 프로젝트에 집중해야 한다.

현재 발전용 1차 에너지를 거의 100% 가까이 해외 화석연료에 의존하고 있다. 만일 수에즈 운하나 호르무즈 해협이 봉쇄된다면, 특히 대만 사태가 발생한다면 에너지 보급로의 타격으로 인해 한국 경제가 입게 될 위험은 막대하다. 당장 유가 급등과 전기료 인상으로 민생에 닥칠 고통은 헤아릴 수 없을 것이다. 미국이 주도하는 셰일가스가 개발되면서 중동산 석유에 대한 의존도가 낮아지긴 했지만, 셰일가스 역시 환경 문제 등 많은 문제를 안고 있으며, 장기간에 걸쳐 저렴한 가격으로 안정적으로 공급된다는 보장은 없다.

한국의 에너지 자원은 국제 정치경제 또는 전쟁 등 민감한 요인에 크게 좌우되고 있다. 풍력발전을 비롯한 신·재생에너지는 국산 에너지의 새로운 기원이 될 수도 있다. 저마다 사정을 안고 있는 전 세계 각국이 이러한 지정학적 리스크와는 거의 무관한 에너지 생산 수단인 풍력발전에 매진하는 이유이다.

풍력발전의 가격 안정성은 특히 주목할 만하다. 화석연료는 항상 복잡한 국제정세 속에서 급상승·급하강할 위험을 항상 안고 있다. 하지만, 풍력발전은 앞에서 설명한 바와 같이 지정학적 리스크나 그에 따른 극단적인 원천 자원 가격 변동의 리스크가 매우 적고, 일단 건설되면 에너지 가격으로는 안정적인 에너지원 중 하나이다. 물론, 그에 걸맞은 기술개발과 유지 보수 점검이 착실하게 이행되어야 한다.

연료별 발전 비용

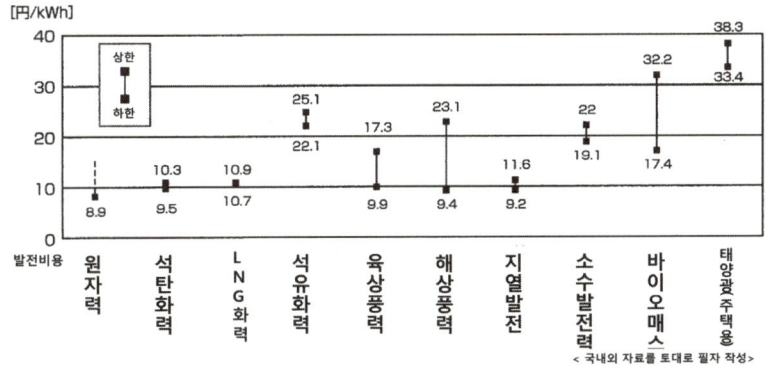

🌫 효율적인 풍력에너지의 조건

　좋은 에너지원으로서 풍력발전의 조건은 우선적으로 풍황이 좋은 입지적 요소가 첫째이지만, 여러 가지 고려해야 할 요소가 많다.

　첫째, 바람의 에너지 밀도는 낮기 때문에 넓은 토지가 필요하다. 또한 보다 많은 에너지를 얻으려면 다수의 발전장치가 필요하다.

　둘째, 풍력의 규모는 1년 단위 또는 초 단위로 다양한 시간 스케일로 인해 변동이 크다. 태풍시에는 매우 강한 바람이 부는 경우가 있어 풍력발전 장치를 보호해야 하는 대책도 마련해야 한다.

　셋째, 풍력발전 장치는, 독립 전원으로서 ESS(에너지저장장치) 등과 연계해 이용되어야 하며, 일반적으로 전력 시스템에 접속해 가동해야 한다. 그러나, 풍력발전이 설치하기 좋은 장소는 풍황이 좋아 대부분 전력 수요지로부터 먼 거리에 있어, 효율적이고 효과적인 송전망 건설이 필수이다. 또한 풍력발전은 출력 변동폭이 크다. 유도발전기나 인버터 등 성능이 뛰어나야 한다. 이는 화력이나, 수력발전 및 원자력발전 등의 재래형 전원과는 다른 점인데, 종래의 전력 시스템은 화력 등 재래식 전원의 특성을 전제로 구축되어 왔다.

　따라서, 해상풍력발전이 대량 도입되면, 전력 시스템을 보강하여야 한다. 최근 태양광발전도 출력 변동성이 큰 풍력발전과 대체로 비슷한 특징을 가지고 있다. 앞으로 전력 시스템은 풍력발전이나 태양광발전의 증가에 비례해서 변화할 것이다. 중요한 점은 분산에너지 활성화 특별법이 2024년 6월 14일부터 시행되게 되는데 여기에 맞는 전력 계통을 구성하는 것은 아주 중요한 과제이다.

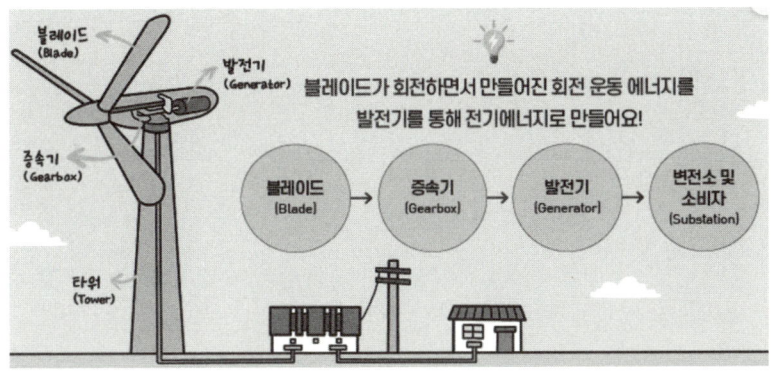

에너지 회수 기간과 요금체계

풍력발전의 경우 다른 발전원에 비해 효율이 우수하다고 평가되고 있다. 이는 풍력발전의 '에너지 회수 기간'이 다른 발전원과 비교해 짧다는 의미다. 에너지 회수 기간은 특히 발전설비의 제조 및 공사에 투입한 에너지(전력)를 풍력발전으로 얼마만에 회수할 수 있는가하는 지표라고 할 수 있다.

아무리 바람이라는 투입 에너지가 무료라고 해도, 전력을 얻기 위한 장치(풍차) 건설에 드는 비용은 공짜가 아니다. 아래 그림에서 보듯이, 풍력발전은 사실상 가장 에너지 회수 기간이 짧은 쪽에 속한다. 즉 투입 에너지를 비교적 이른 시간 안에 회수할 수 있는 전원의 하나임을 알 수 있다. 풍력발전은 불과 0.56~0.79년에 투입한 전력을 회수할 수 있다. 발전소를 건설하기 위해 투입하고 발전을 위해 소비한 에너지(전력)는 회수할 수 없다. 물론 투입한 전력은 건설비와는 다른 개념이다.

앞에서 풍력발전은 에너지 회수 기간이 짧은 발전원이라고 설명했다.

그렇다면 전기요금 체계는 어떤가. 예상하듯이 풍력발전은 해상풍력 같은 대형 건설비 등 초기비용이 많이 든다. 독일처럼 풍력발전 비중이 많아지면 국내 가정용 전기요금이 오른다는 지적이 많다. 풍력의 선진국인 덴마크나 독일은 한국보다 가정용 전기요금이 비싸다. 반면, 풍력발전이 발달한 포르투갈이나 아일랜드는 비교적 가정용 전기요금이 저렴하다. 포르투갈이나 아일랜드의 경우, 세금이나 계통접속 요금 등 부가 금액을 제외한 세전가격, 즉 순수 전기요금은 싸다. 그러나, 부가 금액을 더하면 전기요금이 결코 저렴하다고 할 수 없다.

산업용 전기 요금의 경우, 덴마크와 독일을 포함해 풍력발전 도입률이 높은 순위대로 상위 5개국을 보면 모두 전기요금이 저렴하다. 가정용 전기요금에서는 세금이 많은 반면 산업용 전기요금 비교적 싸다. 흔히 신·재생에너지가 도입되면 전기요금이 비싸져 경쟁력이 떨어진다고 하지만, 이는 그렇지 않다. 산업용 전기요금은 풍력발전이 보급된 나라 쪽이 훨씬 저렴하기 때문에 경쟁력이 떨어진다는 말은 근거가 없다.

유럽 각국의 산업용 전기요금이 가정용보다 저렴한 것은 전력공급 자유화라는 제도적 결과에 의한 측면이 크다. 산업용 전력 소매업자는 항상 가격 경쟁에 노출되어 있다. 산업용 전력 시장의 경우 자유화되어 있어 조금이라도 싼 것이 선택되는 것은 당연하다. 아울러 전력 유통업자도 가능한 한 저렴한 전원을 조달하거나 선물거래(전력 딜리퍼티브)로 리스크 헤지 등 비용을 절감하고 있어서 전체적으로 산업용 전력 요금이 저렴하게 되어 있다.

한편, 가정용 전기요금도 자유화되어 경쟁 체제가 되고 있다. 하지만, 반드시 가정용 이용자들은 가장 싼 전력 유통업자를 선택하는 것은 아니다. 휴대전화의 사례에서 알 수 있듯이, 이용자는 서비스나 손쉬운 요금체계, 기업 이미지 등 다양한 요인에 의해 전력 유통 사업자를 선택한다. 유럽에서 특징적인 것은 비싼 요금으로 신·재생에너지 소매 사업자를 선택하는 고객도 많다. 이는 신·재생에너지 프로젝트를 지지하려는 시민의식 때문이다.

물론 가정 분야의 가격은 일반 시민의 생활과 직결되기 때문에 중요한 지표가 되지만, 산업 부문을 무시하고 가정용 전기가 비싸다고 하는 것은 타당하지 않다. 다시 말해 풍력발전의 도입 등 신·재생에너지 도입으로 전기요금이 오른다고 주장하는 것은 합리적이지 않다.

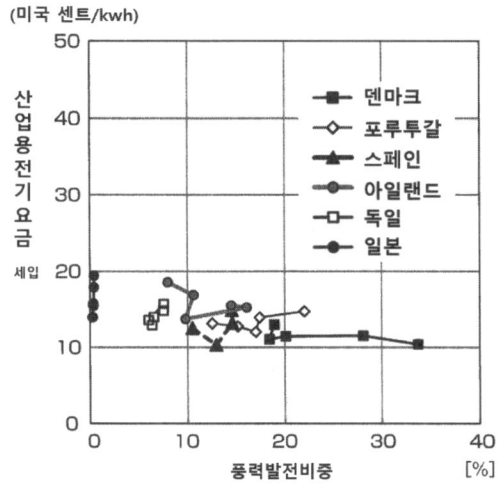

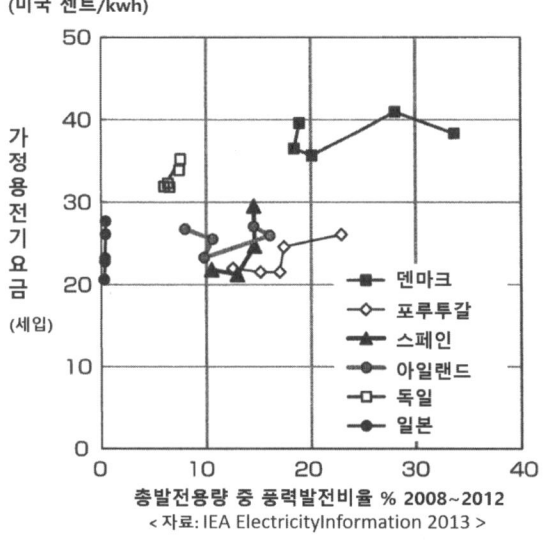

< 자료: IEA ElectricityInformation 2013 >

　한편, 좁은 국토의 우리나라에서는 육상풍력이 적합하지 않다. 유럽의 경우, 확실히 광대하고 평탄 지형이 많아 풍차에 적합한 깨끗한 환경이다. 허리케인 또는 태풍이라는 북미나

아시아 특유의 대형 폭풍우도 거의 발생하지 않는 지형이다. 설비에 막대한 피해를 주는 강한 낙뢰 발생 확률도 비교적 낮다. 신·재생에너지를 위한 자연환경으로는 천혜의 지형이라고 할 수 있다. 서유럽은 특히 일정한 서풍이 사시사철 불어오는 지역이다. 풍력발전 산업이 전 세계의 다른 어느 지역과 비교해 보아도 유럽에서 발달한 것도 이런 입지적 조건 때문이다. 태풍이나 낙뢰 피해로 인한 설비 파괴는 사실 풍력발전에만 국한된 것은 아니다. 설계나 시공, 보수 관련 노하우를 축적하고 활용하면서 재난 재해 극복에 대한 부단한 노력이 필수적이다. 굳이 재난 재해에 대한 우려를 풍력발전에만 국한할 이유는 없다.

풍력발전의 경우, 낙뢰나 태풍(또는 예상 밖의 자연재해)을 만났을 때 최악의 사고는 풍차의 붕괴나 부품의 탈락 등에 의한 블랙아웃 내지 인명사고를 추정할 수 있다. 이런 경우도 다른 발전원과 비교해 보아도 비교적 적은 수준이다. 풍력발전은 상대적으로 안전한 발전원이 될 수 있다.

풍력발전기 4가지 타입

풍력발전의 기본 원리는 바람 에너지를 블레이드로 받아 로터(Rotor)의 회전에너지로 변환하고 이어 발전기를 구동하여 전기를 생산하는 시스템이다. 풍력터빈의 구동 요소는 로터에서 발전기를 구동하는 메인 드라이브, 바람의 상황에 따라 블레이드 각도를 제어하는 피치제어, 터빈을 바람의 방향에 맞추어 주는 요(yaw) 제어장치로 구성된다. 풍력터빈은 블레이드, 허브, 나셀 및 타워로 구성되어 있다.

정격출력 2MW 터빈의 경우 블레이드 직경은 75~85m, 타워의 높이는 60~80m이고, 총중량은 300톤 정도의 구조물이다. 풍력터빈은 요잉제어에 의해 풍력터빈을 바람이 불어오는 방향으로 지향하도록 자세를 잡고, 유압 디스크 방식인 요브레이크를 사용하여 브레이크를 작동한다. 또 정비 및 점검 시 로터를 고정하여야 하는데 이 경우 유압디스크브레이크를 사용해서 브레이크를 작동시킨다. 요 제어에 필요한 회전속도는 0.8 rpm이고, 블레이드, 허브, 나셀을 포함한 140톤 중량을 구동하기 위해 타워와 나셀의 접합부에 설치한 기어 링과 맞물리는 여러 개의 피니언 기어를 나셀 안에 장치한 요 제어용 전동기에서 감속기를 거쳐 구동한다.

피치제어의 경우, 강풍 또는 정전과 같은 비상시에 강제페더 상태(바람을 받아도 회전력이 발생하지 않는 블레이드 각도)로 풍력터빈의 안전성을 확보하는 것이 중요하다. 배터리 정기 교환 비용을 감안하면 유압 방식이 유리하다. 기어리스방식 풍력발전기는 로터 회전속도가 낮기 때문에 일반 전자밸브를 사용해도 제어하는데 별문제가 없다. 그러나 기어 방식 풍력발전기는 발전기를 구동하는 고속 구동축에 브레이크를 설치하기 때문에 전자 비례 밸브를 사용하여 브레이크 힘을 제어하여 부드럽게 브레이크를 작동할 수 있다. 풍력발전은 발전량이 변동하기 때문에 전력 계통에 부하를 주는 약점이 있지만, 리튬이온

전지 등 대형전지의 개발 또는 스마트그리드를 지능화함으로써 어느 정도 전력 보상이 가능하다. 향후 풍력발전기의 정비비용을 줄이고 해상 풍력발전에 적용하기 위해서는 전력 보상 기술을 확충할 필요가 있다. 특히 해상 풍력터빈의 정비 소요를 줄이려면 유압시스템의 자기 고장 진단기능을 보완하여야 한다. 따라서 풍력발전기는 각각 자연현상에 맞게 개발되어 왔다.

대형 상용발전기에는 일반적으로 로터를 수평으로 설치하고 3개의 블레이드를 장착한다. 풍력터빈의 로터는 대략 10~50rpm 정도 저속으로 회전하고, 발전기는 유도발전기와 동기발전기 2종류를 사용한다. 풍력터빈의 동력 전달 계통은 직결방식과 종(증)속방식 2종류가 있다. 직결방식은 로터와 같은 속도로 회전하면서 발전가능한 동기발전기 또는 다극 유도발전기를 사용해서 로터로 발전기를 직접 구동하는 기어리스(gearless)방식이다. 이는 증속기를 통해 1500rpm(50Hz에서)~1800rpm(60Hz에서)까지 회전속도를 증가시켜 이 회전력으로 4극 유도 전동기를 구동하는 기어 방식이다.

기본적으로 4가지 타입의 풍력발전 모델(타입 1~타입 4)이 개발되어 있다. 타입 1은 초창기 유형인 농형유도발전기, 타입 2는 권선형(가변제어) 농형유도발전기, 타입 3은 이중여자방식의 유도발전기 그리고 타입 4는 영구자석식 동기발전기이다. 현재 가장 많이 사용되는 모델은 타입 3(DFIG, Doubly Fed Induction Generator)과 타입 4(Full converter wind turbine(PMSG, Permanent magnet synchronous generator)이다. 이 모델들을 사용하여 기존 전력 계통에 풍력 모델을 추가하여 전력 계통에 풍력발전기가 미치는 영향을 시뮬레이션할 수 있다. 기본적으로 풍력발전기는 풍속에 따라 출력에 영향을 받는다.

타입 1은 풍력발전기 초창기 모델로 농형 유도발전기를 사용한다. 농형 유도발전기는 농형 모양의 로터와 자장을 생성하는 스타터로 구성되어 있다. 고정 속도이기 때문에 별도 속도제어를 위한 장치는 없고 기어박스만 존재한다. 가장 큰 단점은, 고정 속도이기 때문에 풍력발전기를 최대 운전점에서 운전하기가 어렵고 풍속 변화에 기계적 스트레스가 많아 대형풍력에는 적합지 않다.

타입 2는 가변 제어 터빈으로 기존에 고정 터빈의 단점을 보완하기 위해 만들어졌다.

농형 유도발전기는 전력 품질 변환장치를 통해 전압 및 주파수의 전력을 전력 계통에 적합한 일정한 전압과 주파수로 변환하여 공급한다. 농형 유도발전기는 타입 4의 영구자석 동기발전기처럼 거의 모든 회전속도에서 발전이 가능하지만, 컨버터의 용량을 발전기용량에 맞춰야 하기에 컨버터 비용이 필요하다. 회전자는 증속기를 통해 풍차에 연결되어 있기 때문에 풍차의 회전수를 제어함으로써 풍력발전 출력변동의 일부를 회전체의 에너지 증감으로 흡수할 수 있다. 이에 따라 발전출력의 변동을 완화할 수 있고, 기계적 하중도 줄일 수 있다.

타입 3은 이중 여자(Doubly-fed) 타입으로 작은 용량의 컨버터를 이용해 로터에 공급되는 전압을 제어함으로써 풍력터빈의 속도를 제어한다. Doubly-fed라고 불리우는 이유는 이것이다. 로터는 컨버터와 스타터는 AC 계통과 연결되는, 2중 연결구조이기 때문이다. 컨버터에서 로터로 슬립링을 통해 전압을 공급하되, 로터의 자장을 감쇠하면 로터의 회전속도가 빨라져서 초동기 super synchronous 상태가 되어 발전기 역할을 한다. 반대로 로터의 자장을 증가시키면 로터의 회전속도는 더욱 늦어져 풍력발전기가 전력을 흡수하게 된다. 타입 1, 2에 비해 다음과 같은 특징을 갖는다.

① 풍차의 회전수를 풍속에 맞게 제어할 수 있기 때문에 풍속에 관계없이 풍차의 출력 계수를 높게 유지하여, 출력을 최대로 할 수 있다.
② 타워섀도우 효과 등에 의한 출력변동 회전체에 저장 가능한 에너지가 출력변동으로 나타나지 않도록 할 수 있다.
③ 2차 권선 여자형이기 때문에 발전기에서 역률 조정이 가능하다. 또 전력 시스템과 자동적으로 동기화하여 기동하도록 하기 위해 계통 병렬시간 돌입전류도 작다. 또한 유도기의 벡터 제어가 가능해 무효 전력 제어도 가능하다.

타입 4는 영구 동기발전기는 Permanent magnet synchronous generator로 Rotor에 영구자석을 사용하기 때문에 이렇게 불린다. AC 계통과 직접 연결되어 있지 않고 RSC(Rotor side converter)와 GSC(Grid side converter)로 구성되어

있다. 모양 3과 가장 큰 차이점이다. Full converter 타입이라고 하며, 스타터에 공급되는 전압을 제어함으로써 풍력터빈의 속도를 제어한다. 또한 Type 4의 장점으로는 유효 전력과 무효 전력 제어가 BTB 컨버터 사용으로 가능하다. 풍력터빈에서 가장 중요한 것은 속도제어를 통해 최대 운전 점에서 운전하는 것이다. 타입 4와 같은 Full converter 형 풍력발전기가 개발된 배경이다.

타입 4 영구자석 회전자형 동기발전기는 회전자의 계자권선이나 여자시스템이 없으므로 기계구조가 간단하고 냉각 및 유지 보수 필요성이 적다. 하지만, 거의 모든 가변 속도 범위에서 운전하기 때문에 계통에 송전하거나 수요처에 공급하기 위해서는 전력 품질을 가공해야 한다.

오늘날 풍력발전기의 동력 전환·전달 장치는 정속 운전 방식에서 드라이브 트레인을 채용한 가변속 방식이 주로 선호되고 있으므로 영구자석 회전자형 동기발전기가 채용되고 있는 추세이다.

풍력발전기에 채용되는 발전기들로는 유도발전기와 계자동기발전기, 영구자석 동기발전기 등이 있다. 간접구동 방식과 직접 구동 방식으로 크게 구분한다. 간접 방식은 블레이드로부터 전달된 비틀림 힘이 변속 장치를 통해 일정한 속도로 높여 발전기축에 전달하는 방식이다. 직접 방식은 주축의 회전에너지를 변속 장치 없이 그대로 발전기축에 전달하는 방식이다. 이에 따라 풍력발전기에 채용되는 발전기가 결정된다.

간접구동 방식의 동력 전환·전달 장치에는 주로 유도발전기가 결합된다. 유도발전기는 동기발전기에 비해 효율은 다소 낮지만, 단독운전을 할 수 있고, 주파수 변동이 적은 전기에너지로 변환이 가능하다. 소형, 경량이고, 동력 전환·전달 장치의 변동을 잘 흡수하는 특성이 있다. 그러나 동기속도까지 기동하여 발전이 이루어지기 때문에 여자전류를 전력 계통으로부터 공급받아야 한다.

이에 비해 직접 구동 방식의 동력 전환·전달 장치에는 계자 동기발전기 또는 영구자석 회전자형 동기발전기가 채용된다. 풍속마다 최대 출력의 회전수가 존재하며, 일정하지 않고 변화하기 때문에 최대 출력을 얻기 위해서는 풍속에 따라 회전속도가 변하게 된다. 시시각각 변하는 속도의 회전에너지를 발전기 축에 전달할 수밖에 없다. 따라서 이를 반영한 가변속 방식이 필요하다. 전력계통으로부터 여자전류를 직접 공급받지 않고 중간에 교류 전기에서 직류 전기로 다시 교류 전기로 변환하는 전력변환장치가 설치된다. 이에 따라 풍속에 따른 최대 출력을 얻을 수 있고, 기동 시에 돌입 전류가 필요 없고, 이로 인한 무효전력 보상장치(SVC)가 필요 없다. 영구자석 회전자형(다극) 동기발전기는 다극화가 가능하여 증속장치를 채용하지 않음으로 기계 마찰부하와 소음이 적게 발생한다는 장점이 있다.

이같은 가변속 방식은 풍속 2.5㎧ 정도의 저 풍속에서부터 발전이 가능하다. 또한 피치 제어와 전력변환기 제어를 통하여 출력을 제한할 수 있어 출력변동이 적다. 가변속 제어방식의

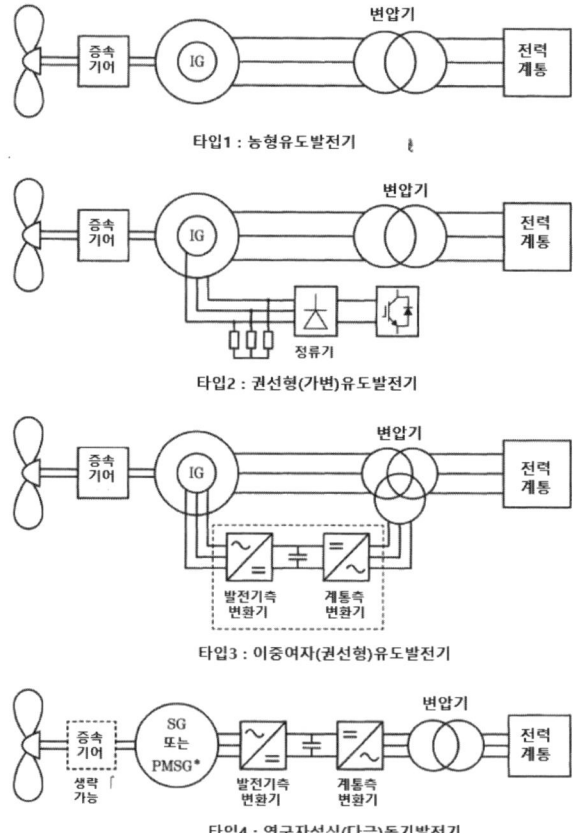

동력 전환·전달 장치에는 권선형 유도 발전기 또는 동기발전기가 주로 채용된다. 권선형 유도 발전기는 전체용량에 비하여 작은 용량의 전력변환기(컨버터)를 사용하여 시스템을 구성할 수 있다. 주축이 회전하면 전력변환기에 의하여 발전기 토크가 제어됨으로 규정 주파수의 전기에너지가 유도될 수 있다. 피크 부하에서는 풍력 획득 장치의 피치 제어 시스템을 조정하여 출력을 제어한다.

풍력발전과 사회적 대타협

국제에너지지구(IEA)는 2023년 5월 발표한 '넷 제로 2050년' 보고서에서 세계가 기후위기에서 벗어나려면 풍력과 태양광으로 생산되는 전력 비중이 70%까지 올라가야 할 것이라는 시나리오를 제시했다. 2022년 10월 '2050 탄소중립'을 선언한 우리나라도 이런 수치에 근접해야 한다. 정부가 공개한 '2050 탄소중립 시나리오'에 따르면 2050년 발전량의 59.5~61.9%인 769.3TWh가 재생에너지로 충당되어야 한다고 적시했다.

이를 위해선 480GW의 태양광 설비와 41GW의 풍력 설비가 필요할 것이다. 환경 훼손 논란과 주민반대 등을 극복하면서 2021년까지 국내에 설치된 태양광 발전 설비는 24.6GW, 풍력 발전 설비는 2.1GW 수준이었다. '2050 탄소중립' 실현을 위해서는 지금부터 28년 이내에 30년 안에 두 가지 설비를 모두 20배씩 확충해야 한다. 그렇지만 지금부터 열심히 확충해도 거의 달성하지 못한다.

국토의 70%가 산지인 한국에서 바람의 질이 좋은 산지를 훼손하지 않고 이런 수준으로 풍력 설비를 확충하는 것은 불가능에 가깝다. 최근 부상하고 있는 해상풍력발전은 육상풍력 대비 2배 가량 많은 비용이 든다는 점에서 불리한 점이 있다. 어업권 피해를 내세우는 어민들의 반발도 이미 육상 풍력발전에 대한 주민 반발 강도에 못지 않다.

그러나 풍력발전 설비 확충이 지연되면 이산화탄소 외에 대기오염 물질까지 배출하는 석탄발전소, 핵폐기물이 나오는 원전을 더 돌릴 수밖에 없기 때문에 결국 국민이 치러야 할 비용만 늘게 되어 있다. 풍력발전 설비 확충을 위한 국민적 공감대가 선행되어야 한다.

탄소중립 도달에 필수적인 풍력발전을 위해서는 어느 정도까지 용인할 지를 두고 사회적 논의를 거쳐 대타협이 필요하다는 주장이다. 2050년 탄소중립을 위해 필요한 풍력발전 목표를 달성하려면 바람의 질이 좋은 산 위로 올라가야 한다. 하지만, 백두대간 보존, 생태계 보호 등으로 원천 봉쇄되거나 개발 중에 민원으로 제동이 걸리기 일쑤였다. 탄소중립은 선택이 아닌 필수 의무이다. 풍력발전을 놓고 정부와 국민이 '그린 빅딜'을 해야 한다.

향후 확충될 거대 해상풍력발전이 순조로운 길을 가기 위해서는 반드시 사회적 합의가 있어야 한다. 해상풍력에 대한 대표적인 민원이 환경파괴 논란이다. 덴마크의 연구 결과에 따르면 해상풍력으로 인한 생태계 변화나 수질 오염은 거의 없으며, 오히려 이로 인해 어족자원이 늘어나는 걸 확인할 수 있었다는 보고도 있다. 우리나라 제주도 풍력단지에 조성한 바다목장에서도 어류에 부정적인 영향을 미치는 사례는 발견되지 않았다. 이에 반해 발전소 주변 지역을 낚시 등의 해양레저가 가능한 관광단지로 육성하여 지역경제 활성화에 긍정적인 영향을 미치도록 사전에 세심한 고려가 필요하다. 또한, 정부와 해당 지자체는 해상풍력 개발 초기 단계부터 철저한 환경평가를 통해 난개발 방지와 주민 피해가 없도록 법규 정비를 반드시 선행해야 한다.

아울러 소음으로 인한 인체의 피해 또한 풍력발전의 저해 요인이다. 풍력발전기의 소음은 발전기 기계 소음보다 블레이드가 바람을 가르는 소음이 대부분이다. 호주 정부의 연구에 따르면 풍력 발전기의 저주파 소음이 인체에 부정적인 영향을 미치는 과학적 근거는 발견되지 않았다. 또한, 풍력 발전기의 일반소음(400m 측정)은 40dB 수준으로 주거 지역의 사업장 및 공장 생활 소음 규제기준보다 낮다. 그러나, 주민 주거지와 가까운 경우엔 피해 사례가 여럿 보고 되었다.

따라서 풍력발전 설비가 주민 생활에 직접 악영향을 미치는 것으로 알려져 있다. 현재 우리나라에서는 소음(저주파음 포함), 풍광 저해 등의 문제가 이슈화 되어 있다. 이외에도 건설시 삼림 벌채 문제, 섀도우플리카(블레이드의 회전에 의한 빛의 반사), 해양생물에 미치는 영향(해상풍력) 등 다양한 문제가 보고되고 있다. 소음 문제, 특히 저주파 문제는 일부 지역에서 심각한 수준이다. 현재까지 풍차 블레이드가 돌아가는 소리가 사람의 건강에 미치는 영향에 대해 역학적 증거는 아직 없다. 그러나, 풍차의 블레이드와 바람이 맞부딪치면서 나는 소리는 가까이에서 들어보면 심각한 수준인 것은 사실이다.

이런 경우 취락지구와 충분한 거리와 이격 거리를 법률로 엄격히 정해야 한다. 일부 지자체의 경우, 동네 일부 주민과 발전사업자 상호 협의해 허가하는 바람에 소수 주민들에게 소음피해를 미치는 경우가 있는 실정이다.

특히 풍광 저해의 경우 해당 지자체는 적절한 거리와 환경 상황을 고려해 엄격한 잣대로 허가 여부를 결정해야 한다. 이런 경우 법률적 정비가 필수적이다.

사실 풍력발전이 태양광 발전과 함께 지구 기후위기를 피하기 위해 반드시 필요하다는 사실을 부인하는 사람은 없다. 그러나, 지자체와 일부 발전사업자 간의 결탁으로 건전한 프로젝트를 그르치는 경우가 종종 있다.

국내 최초 상업용 해상풍력단지인 탐라해상풍력 단지의 경우 다른 사례이다.

탐라해상풍력은 제주도 한경면 일대 해상에 설치된 국내 최초 상업용 해상풍력단지이다. 국산터빈, 단지설계, 설치 등 전 과정에 국내 기술이 적용되었다. 연간 발전량은 85GWh으로 제주도민 약 24,000여 가구에 전력을 공급한다. 또한, 건설과 운영 등의 과정에서 약 3,000여 명의 고용 창출 및 발전지원금을 통한 관광단지가 개발되었다. 아울러 해상풍력 구조물이 인공어초 역할을 통해 어획량이 증가하는 등 해상풍력과 어업 공존이 이루어지고 있다.

제2장

풍력발전 설비의 기술적 문제

풍차의 종류

베츠의 법칙

양력계수와 항력계수

양력형 풍차와 항력형 풍차의 비교

발전 효율

풍력발전 단가, 미국의 3배

다리우스형의 장점

양력과 항력을 융합한 수직축 풍력발전기

유도발전기와 동기발전기의 특징

소형풍력의 장 단점

② 풍력발전 설비의 기술적 문제

ᛉ 풍차의 종류

바람의 힘을 받아내는 풍차는 크게 나누면 두 가지로 분류할 수 있다. 수평축과 수직축으로 구분한다.

수평축 풍차 : 지면과 평행인 회전축을 가진 수평축에는 프로펠러식, 세일 윙식, 네덜란드식, 다날개식 등이 있다.

프로펠러식 풍차는 구조가 알기 쉽고, 대형화에 적합하다. 날개의 수가 적을수록 고속 회전하지만 균형을 고려하여 보통 3개의 날개가 가장 많다. 고속 회전하는 경우, 효율이 높아지지만 소음이 커지고 발전 손실도 늘어난다. 대형 풍차의 날개의 지름은 70m 이상으로 점점 커지고 있다. 설치 장소는 보통 산이나 바다에 설치한다.

네덜란드식 풍차는 날개가 목재 격자형으로 바람을 받는 형태이다. 4~6개의 날개가 돌아가면서 그 에너지로 양수 펌프를 구동한다. 유럽에서 14세기초부터 19세기 말까지 제분 및 배수의 동력원으로 사용했다.

다날개식 풍차는 날개가 많은 것이 특징이다. 미국 중서부의 농가를 중심으로 펌핑용으로 사용된다. 날개가 회전하는 속도는 낮지만, 힘은 강력하고 소음이 적다. 수리가 용이하므로 중소형의 양수기 동력원으로 활용된다.

수직축 풍차 : 풍차의 회전축이 지면에 대해 수직형인데 다리우스식, 사보니우스식, 패들식 등이 있다. 이 유형은 어느 방향의 바람도 유효하기 때문에 풍향을 가리지 않는다. 그러나, 수평축 풍차에 비해 에너지 효율이 낮고, 설치 면적을 크게 차지한다는 단점이 있다.

다리우스식 풍차는 발명자의 이름을 딴 것으로 새로운 유형의 풍차이다. 날개는 2~3장을 사용하여 풍속의 몇 배 이상으로 회전하는 풍력 발전에 적합하다.

사보니우스식 풍차 역시 발명자의 이름에서 따왔다. 원통을 세로로 2분할한 형상의 날개가 바람을 받을 수 있도록 장치되었다. 통과하는 바람이 통 내부에서 빙글빙글 돌아서 내부에

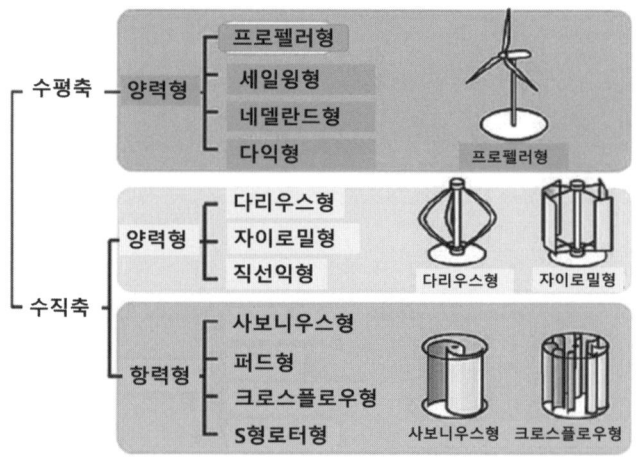

흐르는 구조이다. 현대식 풍력발전에는 주로 프로펠러식이나 다리우스식이 주로 사용되고 있다. 파워계수 및 풍력 대비 발전량이 다른 유형에 비해 높기 때문이다.

베츠의 법칙

풍력발전은 바람 에너지를 풍력 발전기의 블레이드braid에 의해 회전운동 에너지로 변환하는 원리이다. 바람 흐름의 에너지를 100% 이용할 수는 없다. 이는 바람의 흐름을 완전히 막아버리기 때문이다. 바람 에너지는 풍속의 3승으로 비례하기 때문에, 가능한 조금이라도 큰 풍속의 바람이 블레이드를 통과하는 것이 효율적이다. 가능한 바람을 부드럽게 풍력발전기의 후방으로 흐르도록 해야 한다. 그러면, 어느 정도 바람을 블레이드 후방으로 넘겨주는 것이 효율적인지가 포인트이다. 이를 이론적으로 해석하면, 바람 에너지를 운동 에너지로 가장 효율적으로 변환하려면, 풍력발전기의 후방 쪽 풍속이 3분의 1 이하가 되어야 하며 그 때의 최대 효율이 59.36%이다. 실제 풍력 발전기용 풍차에서는 에너지 변환 효율이 20~45% 수준이다.

풍력발전 효율에 대해서는 일반적으로 베츠의 법칙(Betz's law)이 적용된다. 1919년 바람을 에너지로 변환할 때 얻는 비율을 추정하고자 독일의 물리학자 Albert Betz가 고안한 법칙이다. 바람을 에너지로 변환할 때 효율의 한계치가 59.36%로 측정되었다. 석유 에너지의 변환 효율은 42~45% 수준으로 알려져 있다. 이를 테면 바람 에너지 100을 풍차의 날개로 다 받아 낸다면 회전이 발생할 수 없기 때문에, 적당량 흘려 보내야 한다. 그 적당량, 즉 최고 효율이 59.36%란 의미다. 하지만, 실제로 설비의 효율은 날개의 모양, 터빈 배열 등에 따라 제각각이다. 따라서 베츠의 법칙대로 59.36%의 효율을 내진 못한다. 실제 풍력발전의 효율은 날개모양, 받음각 및 터빈간 배열 등에 따라 제각각이다. 풍차 블레이드의 크기와 바람의 세기(풍속)에 따라 풍차 에너지가 변화하기 때문이다.

일반적으로 대형 풍차의 경우 평균 풍속이 적어도 6m/s 이상이 효율적이다. 이상적 풍차의 경우 파워계수 Cp 최대값은 16/27(약 0.593)이다. 바로 '베츠의 한계'이다. 수평축 풍차의 경우 블레이드 개수와 날개 형상에 따라 다르다. 수평축 풍차의 경우 Cp는 대략 0.35~0.45이다. 즉 35~45%라는 의미다. 이는 기계 에너지임으로 전기 에너지로 변환한다. 중, 대형 발전기에서는 로터, 블레이드의 회전수가 작아진다. 다시 기어박스의 증속기를 거쳐 커진다. 증속기의 효율과, 기계적 에너지를 전기적 에너지로 변환하는 것이 발전기 효율이다. 발전기로 얻을 수 있는 에너지는 대략 23%로서 일반적으로 통용된다.

* 받음각(angle of attack) : 날개와 기류의 방향으로 생기는 각도
- 실제 상용화된 풍력발전기 효율은 모델에 따라 15~45% 수준
* 수평형 대형 풍력발전기의 효율은 30~45%, 수평형 소형

풍력발전기의 효율은 20% 내외, 수직형 대형 풍력발전기의 효율 15~20% 수준으로 각각 알려져 있다.

지금도 연구자들은 베츠의 법칙을 근거해서 풍력발전기 효율 향상을 연구 중에 있다. 여기에는 크게 두 가지 방법이 주로 연구되고 있다.

① 날개 설계 개선으로 풍력터빈 실제효율 향상
② 제너레이터(generator) 개량으로 효율 향상

연구자들은 베츠가 설정한 한계치를 초과할 수 없다고 보고 있으며, 날개 설계 개선을 통한 효율 향상은 최대 10~15%로 추정한다. 이와 유사하게 태양열 발전에서는 '카르노 사이클'이라는 물리학 기본 법칙이 있는데, 변환할 수 있는 최대 한계 효율이 63.7%로 알려져 있다.

종합하면, 실제 상용화 되어 있는 풍력발전기의 발전 효율은 모델에 따라 15~45% 수준이다. 베츠의 법칙을 고려하여 현재 풍력발전기의 효율을 올린다면 10%~15% 더 올릴 수 있다. 이를 위해 날개 각도와 설계가 효율을 더 내도록 개선하고, 제너레이터를 개량하여 전기로 변환하는 에너지를 늘려야 한다.

국내에서 햇빛과 바람을 이용하는 발전 설비용량이 2021년을 기점으로 처음 원자력 발전 설비용량을 넘어섰다. 2020년 태양광발전 설비는 4.4기가와트(GW), 풍력발전 설비는 0.1

GW 늘어난 것으로 집계됐다. 2020년 누적 태양광과 풍력발전 설비용량은 18.968GW(태양광 17.323GW, 풍력 1.645GW)로 집계됐다.

풍력발전기는 반드시 최대 효율만을 우선한 풍차 디자인을 채용할 수는 없다. 풍력 발전으로 얻어지는 전기 에너지량은 풍차가 받는 바람 에너지의 대강 10~35% 정도이다. 실제 자연 바람은 항상 풍속이 변화하고, 또 일일 격차나 계절 격차가 크다.

이는 풍력발전의 시스템을 선택하는데 있어서 조금이라도 풍속과 풍속 변화가 적은 장소를 선정하는 것, 즉 입지가 가장 중요하다는 점이다. 풍속이나 풍향 변동이 비교적 적은 안정적인 바람이 생성되는 장소를 선택하는 것은 바로 비용 절감으로 이어진다. 아울러 풍향 변동이 큰 입지는 풍차에 손상을 가하고 수명을 단축시킨다. 물론, 이런 손해 역시 기술발전으로 어느 정도 커버할 수 있다.

앞에서 설명한 파워계수란, 바람 에너지를 풍차를 통해 기계 동력으로 변환하는 효율을 파워계수라고 한다. 프로펠러형 풍차에서 얻을 수 있는 에너지는 블레이드의 회전면적에 비례한다. 블레이드 회전면적을 수풍면적이라 한다. 풍차로부터 획득할 수 있는 에너지는 블레이드의 날개 수에 따라 변하지 않는다. 동일한 로터 지름으로 동일한 출력을 얻는 경우 블레이드 개수가 적을수록 고속회전 가능하다. 블레이드 2개 정도이면 허브구조가 간단하여 경제적이다. 그러나, 강풍 때 방위 제어

시 진동이 발생하기 쉬운 결점이 있다. 블레이드 3개이면, 일반적으로 안정감 있고 부드럽게 동작, 타워도 비교적 간단하다. 그러나, 허브구조가 2개에 비해 복잡하다.

일반적으로 발전기는 고속 회전 때 효율이 좋아진다. 대형 풍차 발전기는 로터 회전수가 작아짐으로, 증속기가 필요하다.

수평축 풍력발전기는 1개에서 4개까지의 날개를 가진 다양한 종류가 있지만, 현재 발전용으로 가장 많이 이용되고 있는 것은 3개의 날개를 가진 프로펠러 형이다. 수평축 발전기는 구조가 간단하고 설치가 용이하며 에너지 변환효율이 우수하다는 장점은 있지만, 날개 전면을 바람 방향에 맞추기 위해서는 나셀을 360도 회전시켜줄 수 있는 요잉(Yawing)장치가 필요하며, 증속기(Gear box)와 발전기 등을 포함하는 무거운 나셀(Nacelle)이 타워 상부에 설치되어 점검, 정비가 어렵다는 단점이 있다.

요잉 시스템 (Yawing system)
- 바람 방향을 추적하여 바람 방향으로 나셀을 회전시키는 시스템
- 기어 및 브레이크로 구성
- 요 브레이크는 자동차 디스크 브레이크와 유사

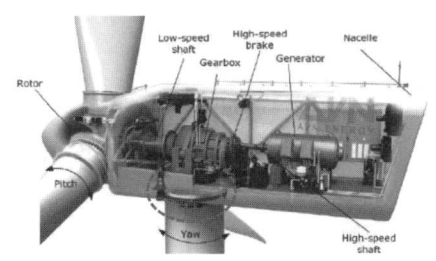
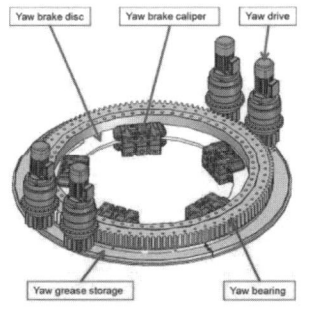

자료= 한국에너지기술연구원

✈ 양력계수와 항력계수

프로펠러형 풍력발전의 원리 양력으로부터 회전력을 얻어 돌게 된다.

블레이드는 바람을 받아 회전한다. 상대적인 바람의 방향은 기울어진 방향이다. 양력은 직각으로 힘이 작용한다. 바람의 방향에 대해 작용하는 힘은 항력이다. 바람 방향과 블레이드는 받음각(angle of attack)을 가리킨다. 바람 방향에 대해 블레이드 각도(받음각)을 작게 하면 바람 저항을 작게 받아, 항력은 작아지지만 양력은 매우 커진다. 일반적으로 항력에 대한 양력의 비율은 10~50배 정도이다. 회전력은 양력에서 항력을 뺀 값이다. 항력보다 양력이 크므로 블레이드는 회전 방향의 힘을 받게 된다. 따라서 블레이드 설계에 있어 이 양력을 크게 하고 항력은 작게 하는 것이 효과적이다. 양력은 상대적 바람속도의 제곱에 비례한다. 블레이드 회전이 빠를수록 상대 속도가 커지고, 보다 큰 양력이 발생한다. 양력을 크게 하기 위해 고속 회전 하도록 설계해야 한다. 그러나, 속도가 빠르다고 해서 꼭 효율적인 것은 아니다.

다음으로 양력계수와 항력계수에 대한 설명이다.

미국 항공자문위원회(National Advisory Committee for Aeronautics, 약칭 NACA)가 개발한 날개형이 일반적이다. 받음각이 0~15°에서는 양력계수가 상승하고 그 이상에서는 양력계수가 급속히 떨어지고, 항력계수는 급격히 증가한다. 즉 받음각이 15~20°를 넘으면 블레이드 경계층이 박리해서 속도가 줄게 된다. 발전기 후면에 소용돌이가 형성되기 때문이다. 이를 실속(stall)이라 한다. 풍차 블레이드는 상대적인 바람 방향에 대해 역각을 최적점으로 조정할 필요가 있다. 항상 받음각이 최적화 되도록 제어하여 최대 출력을 얻도록 하는게 중요하다.

강풍이 불 때는 받음각을 작게 하여 회전수를 낮추는 피치제어가 필요하다. 즉, 받음각을 크게 설정하여 블레이드를 실속시키는 스톨 제어로 과회전을 줄여야 한다.

양력형 풍차와 항력형 풍차의 비교

수직축형 발전기는 바람의 방향에 따라 날개의 각도가 변한다. 회전축이 바람의 방향과 수평인 수평축형 풍차(프로펠러형 풍차)는 회전 정지 상태로부터 회전 운동을 개시하는 회전력(기동력)을 쉽게 얻을 수 있다는 특징이 있다. 수직축형 풍차는 바람의 방향에 관계없이 회전할 수 있다는 특징이 있다.

수직축형 풍차에는 풍차의 기동력을 발생시키는 날개(블레이드)에 작용하는 항력을 풍차의 주된 회전력으로 하는 사보니우스(sbonius)형, 패들(paddle)형 등의 항력형과, 날개에 작용하는 양력(揚力)의 회전 성분을 성분을 풍차의 주된 회전력으로 하는 다리우스(darrieus)형, 자이로밀(gyromill)형 등의 양력형이 알려져 있다.

항력형의 풍차는 회전 정지 상태 및 회전 상태에서 바람을 받는 것에 의해 날개에 항력이 생기고, 이 항력이 만드는 회전 운동으로 기동하도록 되어 있다. 이와 같은 효과를 사보니우스

효과라고 한다.

  반면 양력형 풍차는 다르다. 회전 상태에서 바람을 받는 것이다. 날개의 양력에 의해 회전력이 생겨 계속 회전하도록 되어 있다. 이와 같은 효과는, 일반적으로 자이로밀 효과라고 한다.

  그런데, 항력형의 수직축형 풍차의 경우, 주속비(周速比)(블레이드의 회전 속도와 풍속의 비)가 1로 되면, 풍차를 그 이상으로 돌리는 모멘트가 발생하지 않고, 풍속이 높아져도, 그 이상의 회전수를 얻지 못하여, 발전 효율이 떨어진다는 문제가 있다.

  양력형 수직축형 풍차는 그 반대 경우이다. 주속비가 1이상에서는 풍차의 공력 특성이 양호해져, 전술한 자이로밀 효과에 의해 회전수를 증대시킬 수 있다. 주속비가 1 이하에서는, 풍차의 공력 특성이 악화되어, 풍차를 돌리는 모멘트(회전력)가 작아진다. 특히, 회전 정지 상태에서는 바람을 받아도 날개에 작용하는 양력의 회전 방향 성분이 생기지 않으므로, 회전력을 얻을 수 없다는 문제가 있다.

  그래서, 이와 같은 문제점을 개선하기 위하여, 양력형의 수직축형 풍차에 항력형의 수직축형 풍차를 기계적으로 내장하면 해결된다. 그러면 미풍속역(1~2m/sec)에서의 기동을 가능하게 할 수 있다. 공기 역학적으로 사보니우스 효과를 얻어 미풍속역에서의 기동을 가능하게 하고, 저풍속역(2~6m/sec)에서의 발전 효율을 높이는 것을 가능하게 하는 풍차가 고안되어 있다. 사보니우스 효과는, 항력이 작용하는 블레이드 형상의 공력 특성과 그 면적(풍향과 직각인 평면적)에 비례하여, 이 면적이 커지면 사보니우스 효과가 높아져, 기동력 및 회전력을 증대시킬 수 있다.

그러나 이와 같은 수직축형 풍차는 중-고속역(6m/sec 이상)에서 회전하는 경우 자이로밀 효과를 최대한으로 얻을 수 없다는 문제점이 있다. 자이로밀 효과는 양력이 작용하는 날개 표면의 공력 특성과 그 면적(블레이드면적), 회전 속도에 의존한다. 특히, 날개에 작용하는 항력을 감소시킴으로써 자이로밀 효과가 높아지므로, 회전력을 증대시킬 수 있다.

그러므로, 수직축형 풍차에는 저풍속역에서 회전력을 증대시키는 동시에 중-고풍속역에서 날개의 항력을 저감시켜 자이로밀 효과를 높여 사용 가능 풍속 범위를 확대하여, 발전 효율을 보다 향상시키는 방안이 고안되었다. 이 풍차는 바람의 방향에 따라 날개의 각도를 변화시켜 다양한 풍속 범위에서 바람의 힘을 무리없이 회전력으로 변환할 수 있도록 한다.

수직축형 풍력발전기의 블레이드는 저풍속역으로부터 고풍속역까지 광범위한 풍속 범위 속에서도 바람의 힘을 효과적으로 회전력으로 바꿀 수 있다. 특히 저풍속에서도 풍차 효율을 대폭 향상시킬 수 있어 소형 풍력발전용으로 유용하다.

발전 효율

바람의 에너지를 마지막으로 전기에너지로 변환하는 단계가 있고, 각 단계에 있어서 손실이 생긴다. 실제로 쓸만한 전기량은 바람이 가지는 에너지 일부가 된다. 바람의 에너지를 풍력발전기의 날개braid에 의해 회전 운동 에너지로 변환하는 효율을 고려해야 한다. 바람의 흐름이 가진 에너지를 100% 이용한다면, 바람이 가진 운동 에너지는 0이 되어버린다. 바람의 흐름을 완전히 막아 바람이 통하지 않기 때문이다.

또 반대 견해에서 생각하면, 풍력은 풍속의 3승으로 비례하기 때문에 가능한 조금이라도 큰 풍속의 바람이 풍력발전기를 통과하는 것이 바람직하다. 다시 말해 발전 효율을 높이려면 가능한 바람을 부드럽게 풍력발전기의 후방에 받아넘겨 주는 설비가 필요하다.

따라서 어느 정도 바람을 후방에 통과시켜 주는 것이 효율적인지가 풍력발전의 포인트가 되는 것이다. 이론적으로 해석하면, 바람 에너지를 운동 에너지로 가장 효율적으로 변환하는 최대 효율이 베츠의 한계로 증명되었다. 이는 이론적인 한계치이고, 실제의 풍력발전기용 풍차에 있어서는 20~45% 정도로 에너지 변환 효율이 되고 있다.

그러나, 풍력발전기는 반드시 최대 효율만을 우선한 설계만을 채용할 수는 없다. 결론적으로 풍력발전에 의해 얻어지는 전기에너지는 풍차가 받는 바람 에너지의 10~35% 정도이다.

실제 자연의 바람은 항상 풍속이 변화하고, 일교차나 계절 격차도 큰 것이 일반적이며, 항상 풍속이 일정하고 안정된 바람이 얻어지는 환경은 존재하지 않는다. 따라서, 풍력발전기의 발전 특성도 시간대에 따라서 또는 일 격차, 계절 격차가 대단히 크다.

바람의 특성을 보면 장소에 따라 풍황은 크게 달라진다 겨울철 계절풍을 생각해도 알 수 있다.

① 육상에 비해 장애물이 적은 해상에서는 대부분 바람이 강해지는 경향이 있다. 이 때문에 해상풍력에서는 육상풍력보다 대단히 풍속이 빠르다. 도서지역에서도 풍속이 빠른 지역이 많다.
② 산이 있는 경우 바람이 차폐되어 바람이 약해진다.
③ 곶 등 산맥이 해안선 가까이까지 뻗어 있는 경우에도 풍속이 강해지는 곳이 많다.
④ 해발고도가 높은 지점일수록 풍속이 높은 경향이 있다. 또 주위에 장애물이 없어야 한다.
⑤ 계곡이 있는 경우, 계곡을 따라 풍력발전에 유리한 지형이 있는 경우가 있다.

대규모의 풍력발전을 위해서 현재까지는 효율이 높은 수평축 발전기가 주로 사용되어 왔으나, 수평축 발전기를 사용하기 위해서는 일정 이상의 풍속이 주어져야 한다. 국내에서 이런 조건을 갖춘 지역은 극히 제한적이다. 그러나, 독일, 덴마크, 스페인, 미국 등에서 미리 개발 및 상용화하여 기술 수준이 앞서 있다. 기술 종속으로부터 벗어나기 위해서는 효율 좋은 발전기를 개발해야 한다.

또한, 수평축 발전기는 단위 면적당 발전출력의 한계 때문에 토지의 효율적인 사용에 제한이 따른다. 즉, 회전날개의 반경이 크기 때문에 하나의 발전 타워에 하나의 터빈만 설치할 수 있고 발전량을 늘리려면 발전 타워의 갯수가 늘어나야 하므로 넓은 설치 면적이 필요하며, 회전날개의 회전에 따른 소음도 매우 크다는 문제점이 있다.

또한, 수평축 발전기는 풍향에 따라 풍력발전기의 회전날개 방향을 조절하여 그 효율을 높이려 하지만, 풍향이 급격하게 변할 경우 그 변화에 빠르게 대응하기가 어려우며, 기어장치의 파손 등의 문제점이 발생할 수 있다. 좁은 면적의 장소에 여러 개를 적층하여 제작할 수 없어 토지의 이용 효율도 낮다.

이에 반하여 수직축 발전기는 일반적으로 수평축 발전기에 비해 발전 효율은 낮지만, 동력전달장치 및 발전기 등 핵심 부품들이 타워 꼭대기가 아닌 지면 부근에도 설치가 가능하다. 상대적으로 회전날개의 회전속도가 낮아 정밀도가 낮은 부품 및 날개 제작으로도 장기적인 발전이 가능하다.

수직축 발전기에 주로 사용되는 것으로 회전날개의 형태에 따라 사보니우스(Savonious)형 또는 다리우스(Darrieus)형 및 사보니우스형과 다리우스형을 결합한 형태와 H-Roter Type, 헬리컬 타입 등 여러 형태가 있다.

사보니우스형은 회전날개에 발생되는 항력으로 회전날개를 회전시켜 동력을 발생시키게 되나, 주속비(Tip Speed Ratio)가 1 이상이 되면 풍차를 그 이상으로 회전시키는 모멘트가 발생되지 않아 풍속이 올라가도 그 이상의 회전수를 얻을 수 없고 발전 효율이 좋지 않다는 문제가 있다. 회전날개로 바람이 불어오면 바람이 부는 면적이 폐쇄되어 있기 때문에 공기의 흐름이 생기지 않고, 따라서 오히려 바람의 흐름에 역행하는 흐름도 생긴다. 뿐만 아니라, 바람을 받아 회전날개가 회전하는 경우라도 바람의 방향에 따라 회전하고 있는 반경에는 정방향의 항력이 작용하지만, 바람의 방향과 반대로 회전하고 있는 반경에서는 역방향의 항력이 작용하여 오히려 효율을 더 낮추는 역효과가 발생하기도 한다.

또한 사보니우스형 풍력발전기의 회전날개는 바람이 불어오는 방향을 향하여 회전날개가 회전할 수 있도록 하기 위하여, 외측 둘레를 따라 상하(수직) 방향으로 길게 형성된 다수개의 회전날개를 부착하는 것이 대부분이며, 결합력 및 구조의 안정성을 위하여 타원 형태로 결합된 날개 또한 개시되어 있다. 상하(수직)방향으로 형성된 회전날개는 구조상 변화하는 바람의 방향에 따라 일부의 날개에만 항력을 받을 수밖에 없을 뿐만 아니라, 바람의 방향과 역행하거나 마주하는 날개 부분이 존재하여 오히려 발전 효율이 매우 떨어지며, 대형 풍력발전기로 제작할 경우 연평균 풍속 7m/s 이상의 강한 바람이 불 경우에만 경제성이 있다는 문제가 있다.

✈ 풍력발전 단가, 미국의 3배

풍력 강국 독일엔 해상·육지를 포함, 전국에 풍력발전기 2만

8,217기가 깔려 있다. 독일의 풍력발전 설비 용량은 50기가와트(GW)로 유럽 전체의 32.5%를 차지한다. 독일은 지난해 풍력으로 전체 전력의 11.9%를 생산했다. 비결은 독일 북해에서 불어오는 평균 초속 10m의 질 좋은 바람 때문이다. 독일뿐 아니라 영국·네덜란드·덴마크 등이 모두 이런 강풍을 조건으로 풍력 강국으로 성장했다. 영국엔 세계 최대 해상풍력 단지 '런던 어레이'가 있고, 덴마크는 전체 전력 소비량의 42%를 풍력으로 충당한다. 반면 한국엔 풍력발전기가 다 합쳐도 중소 규모 수준인 531기, 독일의 2% 수준이다. 2013년 강원 인제 용대리에 160억원을 들여 구축한 용대풍력발전단지는 750~1500kW 풍력발전기 7기가 가동 중이다. 하지만 실제 이용률은 10%대. 미시령·진부령에서 부는 바람을 활용할 계획이었지만, 기대했던 초속 4m 이상 바람이 충분하지 않기 때문이다. 발전기가 산 중턱에 있다 보니 산에서 내려오는 바람과 계곡에서 올라오는 바람이 섞여 혼합된 바람의 질로 인해 전력 생산 효율이 당초 계획보다 떨어지고 있다.

국내 육상 풍력 잠재력은 독일의 4%

미국 국립과학원회보(PNAS)는 2009년 이산화탄소 배출 상위 10개국을 대상으로 풍력에너지 연간 발전 가능 전력을 추정했다. 육상풍력만 따지면 우리는 독일의 4% 수준에 그친다. 광활한 국토의 러시아·미국·중국·캐나다와 비교하면 0.1~0.3%다. 노동석 에너지경제연구원 선임연구위원은 "우리나라는 외국에 비해 바람도 약한 데다, 방향이 일정하지도 않아 '바람의 질'이 유럽에 비해 떨어진다"고 진단했다. 우리나라 육상 풍력발전의 이용률은 평균 23%로, 미국(49%)·독일(34%)·덴마크(34%) 등 국가들보다 훨씬 낮다. 해상풍력발전은 이용률(30%)이 육상보다는 높지만 50%에 육박하는 유럽 국가들에 못 미친다. 충남 서산이나 경북 울진 부근의 평균 풍속은 바닷가인데도 초속 2.4~3.8m로 독일 북부(7~9m)나 덴마크(8~9m) 절반 이하수준이다. 이러다 보니 아직 국내 전체 발전량에서 풍력이 차지하는 비중은 2015년 기준 0.2%에 그치고 있다.

국내 풍력발전 단가는 미국의 3배

태양광 발전과 마찬가지로 풍력도 땅이 많이 필요하다. 1GW 용량의 풍력발전소를 짓는 데 필요한 부지는 70㎢ 정도이다. 최근 생산되는 터빈 크기를 기준으로 소요면적을 계산했다. 풍력발전기 날개 지름이 80m가 넘다보니 태양광 등 다른 신재생 발전보다 더 넓은 땅을 확보해야 한다. 정부 목표대로 2030년까지 신·재생에너지 비중을 20%로 맞추려면 풍력발전 설비를 15GW 늘려야 한다. 이를 위해선 서울 면적(605㎢)의 1.7배에 달하는 1050㎢ 부지가 산술적으로 필요하다.

어렵게 부지를 찾아도 주민 반발을 극복해야 한다. 지난달 전북 부안군 위도에서 남동쪽으로 12㎞가량 떨어진 해상에서 소동이 빚어졌다. 전북 지역 어민 220여명이 어선 91척에 나눠 타고 속속 모여들었다. 이곳은 2460㎿ 규모 서남해 해상풍력 개발사업 1단계 공사 구역으로, 지난 5월부터 풍력발전기를 세우기 위한 공사가 진행되고 있다. 어민들은 이날 하부 구조물을 내리고 있는 해상크레인 2기 주변을 둘러싸고 시위를 벌였다. 어민들은 "풍력발전소가 들어오면 통항금지 구역이 생겨 어장이 축소될 것"이라며 "생존권이 달린 지역 어민들의 동의도 없이 추진되고 있는 만큼 원천 무효"라고 주장했다. 사전에 현지 주민과 충분한 협의와 아울러 예상 피해 보상 등을 선행했어야 한다.

강원도 영월군 상동읍에서 최근 A 업체가 7만8,965㎡ 규모 국유림에 총 30.4㎿ 용량의 삼동산 풍력발전소를 건설하고 있다. 850억원을 들여 풍력발전기 8대를 2020년 6월까지 세울 계획이었다. 하지만 주민들은 "소음으로 불편이 예상된다"며 반발하고 있다. 주민들은 피해 예방을 위한 대안 마련이 없다면 사업 추진을 끝까지 반대할 것으로 알려졌다. 풍력발전소를 설치하려는 지역마다 이런 마찰이 수시로 빚어지고 있는 것 현실이다.

특히 발전 단가가 해외보다 비싸게 책정되고 있다. IEA(국제에너지지구)에 따르면, 우리나라 육상 풍력발전 단가는 ㎿h당 111.64달러로 미국(32.71~49.46달러), 독일(77.15달러), 스페인(81.51달러), 이탈리아(71.29달러)보다 높다.

인구 밀도가 낮은 노르웨이나 아이슬란드·스웨덴 등은 상대적으로 신·재생에너지 비율을 높이는 게 쉽지만 한국과 유사한 인구밀도를 지닌 네덜란드·벨기에 등은 신·재생에너지 비중이

10%에도 못 미치고 있다.

🌬️ 다리우스형의 장점

이에 반하여 다리우스형은 회전날개에 발생되는 양력으로 회전날개를 회전시켜 동력을 발생시키게 되지만, 주속비가 1 이상에서는 풍력발전기의 공력 특성이 좋아져 날개를 효율적으로 회전시키는 것이 가능하더, 하지만, 주속비가 1 이하에서는 풍력발전기의 공력 특성이 좋지 않아 날개를 회전시키는 모멘트가 작아질 뿐만 아니라 기동 모멘트도 작아 정지 상태에서 시동이 매우 어렵다는 문제가 있다.

수평축 방식은 저 풍속에서 발전효율이 좋지 않고, 소음이 크며, 연평균 7m/s 이상의 풍속과 바람의 방향이 자주 바뀌지 않는 지역에서만 가능하다는 단점이 있다. 반면 수직축 방식은 저 풍속에서도 발전이 가능하고, 소음이 적으며, 적층이 가능하여 토지를 효율적으로 이용할 수 있는 장점이 있으나 대형화가 용이하지 않고 비용이 비싸다는 단점이 있다.

그럼에도 다리우스형 풍력발전기는 항력형의 장점인 저 풍속과 잦은 풍향변동에도 운전이 가능하고, 고 풍속에서는 양력형의 장점인 높은 주속비에 따른 높은 효율을 모두 낼 수 있다. 또한 기존 수평축의 연간 30% 이하의 낮은 운전율 보다 월등히 높은 운전율과 수평축 방식에 근접하는 효율을 낼 수 있다. 따라서 종합적인 연간 전력 생산량에서 월등히 많은 전기에너지 생산이 가능하며, 수직으로 적층하는 구조로 인하여 토지 이용의 효율성을 높이고, 대형 풍력발전단지 조성에도 용이하다.

즉, 하나의 타워에 항력날개 및 양력날개가 결합된 로터를 필요에 따라 다수 적층할 수 있는 구조이므로 좁은 면적에서도 높은 발전량을 얻을 수 있을 뿐만 아니라, 적층된 구조의 타워를 배치하여 이를 강선 케이블 등으로 연결함으로써 안정된 구조를 유지할 수 있고, 대규모의 풍력 발전 단지를 형성할 수 있다는 장점이 있다.

양력과 항력을 융합한 수직축 풍력발전기

앞에서도 설명했지만, 실물 풍력발전기에서는 다양한 손실들이 발생할 수 밖에 없기 때문에 실제 파워계수는 위의 0.593 보다 더 작은 것이 일반적이다. 바람의 방향에 수직으로 작용하는 힘인 항력을 이용하는 항력형 풍력발전기는 보통 0.2 이하의 파워계수를 가지며, 적절한 익형을 가지는 양력형 풍력발전기는 이보다 높은 파워계수를 가질 수 있다. 즉 항력을 이용하여 회전하는 항력형 풍력발전기는 발전 효율을 나타내는 파워계수가 작으나 날개를 회전시키는 모멘트인 토크계수는 상대적으로 큰 저회전 고토크 유형이다. 반면, 양력을 이용하여 회전하는 양력형 풍력발전기는 토크계수는 작지만 파워계수가 상대적으로 커서 발전용 등으로 적합한 고회전 저토크 유형이다.

그러나, 양력형 날개만을 사용할 경우, 주속비가 1 이상(바람의 풍속보다 회전날개의 회전속도비가 상대적으로 클 경우)의 경우, 풍력발전기의 공력 특성이 좋아져 날개를 효율적으로 회전시키는 것이 가능하다. 반면, 주속비가 1 이하에서는(바람의 풍속보다 회전날개의 회전속도비가 상대적으로 작은 경우) 풍력발전기의 공력 특성이 좋지 않아 날개를 회전시키는 모멘트가 작아질 뿐만 아니라 기동 모멘트가 작아 정지 상태로부터의 시동이 매우 어렵다는 문제가 있다.

회전날개가 정지한 상태와 같이 주속비가 작은 경우에는 항력을 이용할 수 있는 항력형 날개를 이용하여 회전하고, 회전날개의 회전속도가 일정 이상이 되어 주속비가 큰 경우에는 양력을 이용할 수 있는 양력형 날개를 이용하여 발전 효율을 보다 높일 수 있다. 지표면에서부터 상층으로 고도가 올라갈수록 지표마찰력이 감소하게 되므로 풍속은 점점 더 빨라진다.

공력 발생 원리

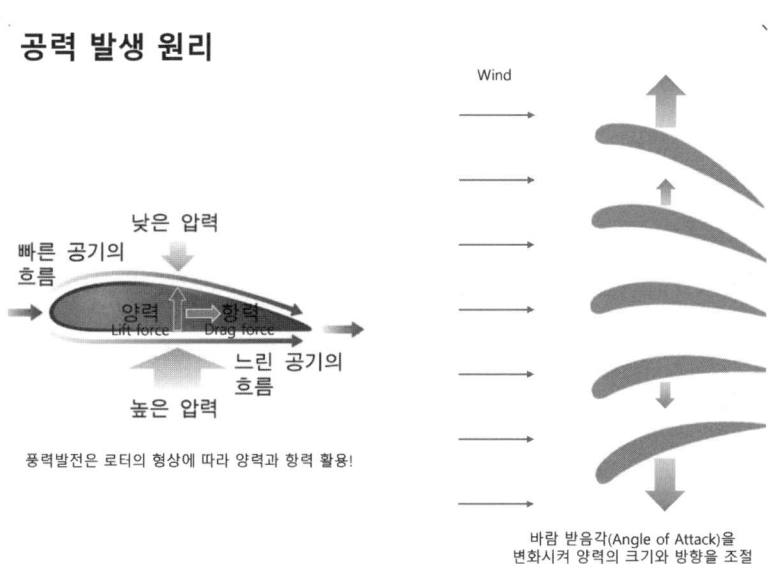

유도발전기와 동기발전기의 특징

풍력발전기에는 유도발전기(권선형과 상자형)와 동기발전기로 크게 구분할 수 있다. 연계방식으로 구분하면 발전기로부터 생산되는 교류전류를 그대로 전력계통에 연계하는 교류연계방식과, 교류전류를 컨버터로 직류 변환하였다가 인버터로 다시 교류로 역변환하는 직류병입방식이 있다. 일반적으로 유도발전기는 교류연계방식을 취하고, 동기발전기에서는 직류병입방식을 채택한다.

권선형 유도발전기를 사용하는 풍력발전에서는 에너지의 변환효율을 높이기 위하여 고풍속에서는 높은 회전수에서, 저풍속에서는 낮은 회전수에서 운전하는 가변속 특성을 지니고 있다. 초동기 셀비우스방식과 회전자에 저항을 접속한 반도체 소자에 의해 그 값을 변화시키는 2차권선저항제어방식이 있다.

초동기 셀비우스방식은 역률 일정제어가 가능하며, 광범위하게 가변속 제어를 할 수 있다는 특징이 있다. 돌입 전류의 억제책으로서 초동기 셀비우스방식에서는 회전자에 가하는 여자전압을 억제하고, 고정자측의 전압을 계통전압에 동기시켜 계통병입을 실시함으로써 돌입전류는 거의 생기지 않는다. 2차권선저항제어방식에서는 계통병입은 역병입Thyrister를 매개로 하여 이루어지며, Thyrister의 위상제어에 의해 돌입전류가 억제된다.

상자형 유도발전기를 사용하는 풍력발전기도 Thyrister의 위상제어에 의해 돌입전류가 억제된다. 여기서는 무출력 시와 정격출력 시에 회전수가 거의 변하지 않는 고정속 특성을 지닌다.

세계 제일의 풍력발전 규모를 자랑하는 독일도 풍력발전의 계통연계에 대한 기술요건은 다음과 같다.

- 계통사고시 신속한 풍력발전기의 전력계통 해열
- 돌입전류의 최소화
- 고조파의 최소화

결론적으로 전력회사는 전력의 품질을 유지하기 위하여 주파수의 편차를 0.2~0.3Hz로 하고 있으며, 풍력발전의 도입을 확대하기 위해서는 주파수 변동 억제 및 계통 강화대책을 강구할 필요가 있다. 풍력발전의 효율을 높이고 발전 비용 절감을 위해 단독으로보다는 계통과 연계(병입)되어 운전되는 것이 일반적이다. 특히 독일이나 덴마크처럼 풍력발전 비중이 높은 국가일수록 계통연계 운전이 일반적이다.

풍력발전은 풍속에 따라 전기출력이 변하고, 전압이나 주파수에 변동이 발생한다. 따라서 이를 해결하기 위하여 세계 각국의 풍력발전기 제조회사들은 다양한 방법의 해결책을 채택하고 있다. 가변 피치기능을 가진 반도체 변환장치에 의해서 제어되는 권선형 유도발전기나 동기발전기가 풍력발전기의 계통병입에 유리한 것으로 판단된다.

우리나라도 대관령(98MW)과 신안(300MW)의 대규모 풍력

발전단지가 완공되면 한전의 전력계통에 상당한 영향이 있을 것으로 예상되며, 특히 주파수 제어에 세심한 주의가 필요하다.

날개없는 풍력발전기

풍력발전기란 말 그대로 바람의 에너지를 이용하여 전기를 생산한다. 보통 산 정상과 바다복판에 거대한 3개의 날개(Blade)가 회전하는 육상과 해상풍력발전기부터 전력을 생산한다.

풍력발전의 단점을 보완해 줄 수 있는 것이 날개 없는 풍력발전기다. 스페인의 한 스타트업 기업인 '보텍스 블레이드리스(Vortex Bladeless)'에서 날개 없는 발전기를 새롭게 선보였다. 이 발전기는 볼펜 꽂이처럼 땅에 고정되어 있는 부분과 바람에 따라 움직이는 부분 총 2부분으로 이루어져 있다. 날개를 없애고, 원기둥 안에 탄성이 있는 실린더를 수직으로 고정시켜 바람이 불면 실린더가 진동되어 전기를 생산하는 방식이다.

원기둥 안에 탄성이 있는 실린더(cylinder)를 수직으로 고정시켜 바람이 불면 이 실린더가 진동하면서 전기를 생산하게 했다. 이 아이디어는 플러터(Flutter) 현상으로 붕괴된 미국의 타코마대교(Tacoma Narrows Bridge)에서 착안되었다. 플러터 현상이란 구조물과 공기의 흐름이 상호작용해 진동이 발생하는 현상이다. 보텍스는 실린더가 바람에 흔들리면서 발생되는 운동에너지를 전기에너지로 바꾸도록 기술을 개발한 것이다. '볼텍스 불레이드리스'는 기둥 안의 실린더가 바람에 흔들리면서 발생되는 운동에너지를 전기에너지로 바꾸도록 한 것이다.

날개 없는 풍력발전기는 제작이 간편해 건설 비용을 기존에 비해 약 53% 절약할 수 있고, 날개가 없어 유지 보수 비용을 최대 약 80%까지 절감할 수 있다고 한다. 아직 기술력이 부족해 발전 효율이 기존 풍력 발전기의 약 30~40% 수준 정도밖에 되지 않지만, 기존 날개 방식의 풍력 발전기보다 2배가량 촘촘하게 설치할 수 있어 도심 곳곳에 도시형 풍력 발전기를 설치할 수 있다. 이 때문에, 기존 풍력발전기의 문제점으로 제기되었던 공간 면적을 줄여 적은 부지에 더 많은 풍력 발전 단지를 조성할 수 있다. 그뿐만 아니라, 탄소 배출도 기존 날개형 풍력발전기 대비 약 40% 이상 감소시킬 수 있다. 날개 없는 풍력발전기는 지금도 전 세계 여러 다양한 기업들이 연구하고 있으며, 국내에서도 효율과 안전성을 향상시키기 위해 개발 중이다.

알파 311의 특징

영국의 알파311(Alpha 311)도 작은 물레방아처럼 회전하는 풍력발전기를 선보였다. 재활용 플라스틱으로 만들어진 터빈은 도로의 가로등 등 기존의 인프라에 장착할 수 있게 설계되었다. 또, 기존 케이블을 사용하여 전력을 공급할 수 있기 때문에 추가 비용도 들지 않는 장점이 있다. 실제 도로 중앙 분리대나 가로등에 발전기를 장착할 경우 도심에 부는 바람 뿐 아니라 자동차가 일으키는 바람에도 쉽게 전력을 생산할 수 있다. 68

㎝로 작은 물레방아처럼 생긴 발전기 20개 정도면 일반적인 영국 가정에서 1년 동안 사용할 수 있는 전력을 만들 수 있다고 한다.

독일의 스타트업인 스카이세일즈(SkySails)는 지면이나 지상이 아닌 공중의 바람을 이용하는 풍력발전기를 발명했다. 스카이세일즈는 공중의 풍력을 포착하기 위해 최대 400m까지 올라갈 수 있는 특수 장치를 설계했다. 고정된 로프를 이용하여 연을 올리면 마치 요요처럼 200~400m 사이에서 반복하여 움직인다. 이때 생산된 에너지를 지상의 발전기로 옮겨 전력을 생산한다. 현재 최대 100~200kW 용량을 생산할 수 있으며 소음 발생이 거의 없고, 공간을 차지하지 않으며, 주변 경관에 영향을 주지 않는 장점이 있다.

물론 날개 없는 풍력발전기는 기존 대형 풍력발전기에 비해 에너지 효율이 낮다. 이들 기업들의 목표는 대규모 풍력단지와 경쟁하는 것이 아니라 기존 전통적인 풍력발전을 적용할 수 없는 도심, 주거 지역 등에 발전기를 설치, 운용하는 것이다. 보텍스 블레이드리스는 대학의 옥상에서 발전기를 시범 운영하였고, 영국의 알파311 역시 도심 가로등에 발전기를 부착하여 효율을 측정한 바 있다.

날개 없는 풍력발전이 상용화된다면 지붕과 건물 사이를 통과하는 바람, 정원과 공원을 스쳐가는 바람 등 우리 주변의 모든 바람으로 에너지를 생산할 수 있다.

현재 기술로는 날개 없는 보텍스의 발전 효율은 기존 회전날개형 풍력발전기의 30-40% 수준 정도밖에 되지 않는다. 그러나, 기존 풍력발전기보다 30% 저렴하게 전기를 생산할 수 있을 뿐 아니라 날개가 없어 유지 보수 비용을 80%까지 줄일 수 있다. 무엇보다 높이가 2.75미터로 설비 규모가 크지 않아 자투리땅에 설치 가능하다. 대개 전통적인 풍력발전기는 넓은 부지가 필요해 도시와 멀리 떨어진 지역에서 긴 송전망을 통해 공급되고 있다. 비록 보텍스의 발전 효율이 높지는 않지만, 날개에 따른 소음 발생 걱정이 없다. 작은 규모 도시에서도 설비가 가능해 전기가 필요한 현장에서 바로 생산해 쓸 수 있다는 장점이 있다.

기존 풍력발전기보다 설치가 저렴하고 유지 관리가 쉬운 제품으로 지붕 위나 정원, 공원에서 부는 바람을 전력으로 전환시킬 수 있다. 기존 풍력발전이 적용하기 힘든 틈새를 메우는 데 도움을 줄 것이다.

영국 스타트업 알파311은 68cm의 소형 풍력발전기를 개발해 런던에 위치한 다용도 실내 경기장인 O2아레나에 설치했다. 수직의 작은 물레방아처럼 생긴 이 소형 풍력발전기는 바람에 의해 물레방아가 회전하며 전력을 생산하도록 개발되었다. 크기가 작아 가로등에 설치가 가능하다. 무엇보다 바람이 없을 때도 오가는 자동차나 기차 등의 교통수단이 일으키는 바람에 물레방아 회전이 가능해 언제든 전력을 생산할 수 있다.

알파311 한 대는 하루 6kw의 전력을 생산할 수 있다. 이는 24개 태양열 전지판이 생산하는 전력과 동일하며, 한 가정이

평균 이틀 정도 사용 가능한 양이다. 뿐만 아니라 알파311은 재활용이 가능해 폐기 시에도 환경 부담이 적은 것으로 알려졌다.

🌀 소형풍력의 장 단점

풍력발전이란 운동 에너지를 전기에너지로 바꿔 전기를 생산한다.

기존 풍력발전은 크기와 용량, 구동 방식, 그리고 설치 장소에 따라서 분류된다. 국제 표준화기구IEC는 로터스위핑 면적이 $200m^2$ 이하, 정격출력 50kW 이하인 것을 소형풍력으로 정의한다. 50kW는 보통 1000V AC 또는 1500V DC 미만의 전압에서 발생한다. 한국에서 소형풍력은 30kW 이하의 전기를 생산하고 중형은 30kW~750kW 사이의 전기를 생산하며 대형은 750kW를 초과하는 전기를 생산하는 풍력발전기를 칭한다.

현재 풍력시장은 세계적으로 점점 대형화되고 있는 추세이다. 2000년대 초반 1~2MW급 풍력발전기가 상용화된 이후 불과 5년 만에 5MW급 풍력발전기가 상용화되었으며, 현재 풍력의 산업은 대형화, 그리고 육상보다는 해상으로 가고 있다.

대형풍력에는 단점이 있기 마련이다. 첫째로 크기가 크다 보니 소음이 심하다는 단점이 있으며 대형풍력은 저주파를 방출하게 되는데 이 때문에 주변 주민들이 반대를 하는 경우가 많다. 해상풍력의 경우 물의 밀도가 공기보다 약 1000배나 크기 때문에 소리의 속도는 공기보다 물에서 더 빠르다. 즉 육지보다 수중에서 소음 전달이 쉬워지는 이치다.

풍력은 바람이 일정하게 불어야 발전도 일정하기 마련인데, 특히 한국에 경우에는 여러 기단이 혼재하고 있기 때문에 바람이 항상 한 곳에서 일정하게 불지 않는다.

특히 사업자와 주민과의 갈등은 피할 수 없는 문제이다. 이윤만 추구하는 민간사업자들은 환경이나 주민 피해를 고려하지 않고 대규모로 풍력단지를 건설하려고 사업을 밀어붙이는 경우가 많다. 그러한 영향으로 주민들은 풍력에 대해서 좋지 않은 인식을 가지고 있으며 이는 님비현상으로 번지며 최근 우리나라에서 건설 포기로 이어지고 있다. 이 때문에 대형풍력의 설치는 많이 제약이 많을 수 밖에 없다.

하지만 소형풍력의 경우에는 위의 대형풍력의 단점을 극복할 수 있게 된다.

그리드패리티란 화석연료 발전단가와 신·재생에너지 발전단가가 같아지는 시기를 말한다. 현재 신·재생에너지 발전단가가 화석연료보다 월등히 높지만, 각국 정부의 신·재생에너지 육성정책과 기술 발전에 따라 비용이 낮아진다. 언젠가는 등가(=Parity)시점이 올 것이다. 2016년을 기준으로 미국은 바이오디젤과 바이오에탄올 등 바이오연료 생산을 브라질과 함께 주도하면서 동시에 풍력과 태양광의 확대에도 힘쓰고 있다. 일본은 태양광이, 독일은 풍력분야 투자가 활발하다. 세계 소형풍력 시장이 2015년 말 기준 99만 966대에 달할 정도로 지속적인 성장세를 보이고 연평균 14% 정도 성장하고 있다.

소형풍력의 장점은 많다.

첫째는 태양 에너지와 비교했을 때, 풍력은 태양광발전에 비해 출력단위 면적이 1/4로 적다. 즉 같은 발전량을 낼 때 태양광 발전보다 소요되는 면적이 적다. 이런 상황에서 소형풍력발전은 좁은 면적을 가진 우리나라에서 큰 이점을 가진다.

둘째, 투자 비용의 절감이다. 바람의 질이 좋은 산등성이나 능선에 설치하는 대형풍력은 설치를 하는 과정에서 산림을 훼손해야 하며 유지 보수 비용도 비싸고 추가 신설 시 부지를 매입해야 한다. 특히 우리나라의 좁은 국토를 고려해 새롭게 떠오르는 해상풍력은 초기 투자비용의 부담이 더 크다. 그에 비해 소형풍력은 매우 저렴한 비용과 쉬운 유지보수의 장점을 가진다.

셋째, 대형풍력의 가장 큰 단점 중 하나인 소음문제도 소형풍력에서는 그다지 문제가 안된다. 거대한 날개를 돌려야 하는 대형풍력에 비해 비교적 저주파 방출을 덜하게 된다. 그렇기 때문에 대형풍력의 문제점인 님비현상 그리 심하지 않다.

넷째, 제대로 된 소형풍력은 주기적으로 오일을 교체해야하는 대형풍력에 비해 그리 필요하지 않다. 소형 풍력은 최근 개발도상국에서 급속히 확산하고 있다.

아직 국내 소형풍력 시장은 규모 면에서 협소하다. 소형풍력 업계가 입을 모아 말하는 점은 '시장이 부족하다'는 것이다. 우선 소형풍력 업계에 지원되는 국가예산은 그야말로 미미한 수준이다. 업계에서는 초기시장만 구축되면 기술력을 바탕으로 업계가 발전할 수 있을 것으로 전망한다. 정부는 소형풍력 업계가 기술력을 바탕으로 소비자에게 다가간다면 시장은 저절로 만들어질 것으로 판단한다.

한때 정부에서도 소형풍력 활성화를 지원했던 때가 있었다. 당시 소형풍력은 유럽 등의 선진국에서도 대형풍력발전에 집중하느라 기술 발전이 더딘 상황이어서 충분한 발전 가능성이 있었다. 또한 타 신·재생에너지 설비에 비해 초기 투자비용이 적고 개술개발 및 제작이 상대적으로 용이해 여러 기업들이 초기 시장 선점을 목표로 사업에 뛰어들었다.

하지만 기존 소형 풍력발전 업체에서 저렴하게 만들려다 부품 수준이 조잡하고 출력도 적으며, 소음까지 발생하는 문제들이 보고되었다. 시장도 형성 단계이다 보니 제품고장으로 잦은 수리 때문에 소비자가 고충을 겪고 있으며, 사후서비스도 미흡했다.

설치 기준 문턱이 높은 것도 큰 장애이다. 기존 소형풍력발전기는 연평균 풍속 4.5% 이상인 지역에 설치할 수 있었으며 설치 지역 풍속자료를 서면으로 제출하는 과정으로 진행되었다. 하지만, 감사원에서는 소형풍력발전기의 입지를 결정할 때 설치예정 지역의 실제 높이에서 풍속 등을 직접 조사해 설치여부를 결정할 필요성이 높다고 권고한 바 있다. 그러나, 소형풍력업계는 실제 풍향 측정을 의무화할 경우 적지 않은 비용이 필요해 경제성이 떨어진다. 업계에 따르면 30m 미만의 높이를 기준으로 계측기를 설치할 경우 최대 8,000만 원 정도의 비용이 발생할 수 있다고 한다.

소형풍력시장이 잘 정착하고 있는 나라는 일본이다. 신·재생에너지는 초기 투자비용의 문제인데, 비교적 초기 투자자들의 진입 장벽이 낮은 편은 아니다. 이러한 장벽을 넘기 위해 각국 정부에서는 신·재생에너지 시장 진입을 도울 수 있는 정책을 펼치고 있다.

일본은 특히 타 국가보다 기준 가격을 높게 책정했다. 이에 따라 일본의 소형풍력을 포함한 신·재생에너지 시장이 크게 성장하고 있다. 국내에 생산된 풍력발전기는 바람이 불어도 가동하지 못하는 저품질, 저효율의 발전기가 종종 적발되고 있어 사업자들에 대한 불신이 널리 퍼져있다. 하지만, 일본은 기술개발에 투자하고 라벨링제도를 도입하여 회사마다 달랐던 성능표시 방법을 통일하여 비교하기 용이하게 만들었다.

╬ 독일의 사례

독일은 2038년까지 가동중인 석탄 화력발전소 84기를 모두 가동 중단하겠다는 방침을 발표했다. 독일 정부는 최근 이같은 내용으로 풍력발전 확대 방침을 내놓았다. 최대 10GW 규모의 풍력발전 설비를 확장하는 한편 국토의 2%를 풍력발전 개발 용도로 확보하는 목적으로 '육상풍력법'을 제정할 계획이다. 독일은 2030년의 기후, 에너지 목표로 연간 약 4000만t의 CO_2 삭감 방침을 내걸었다. 다시 말해 독일의 CO_2 배출량 감소의 열쇠는 풍력발전이다. 또 재생가능에너지 부과금도 단계적으로 폐지해 장기적으로는 국가예산으로 지원하는 방식으로 저소득 가구나 중소기업의 부담을 줄여나갈 예정이다. 독일 풍력에너지협회는 "독일의 재생가능 에너지 목표를 달성하는데 필요한 육상풍력발전의 구축에 필요한 숫자는 국토의 2%"라는 구호를 내걸고 있다. 이렇듯 독일은 전 국가적으로 풍력발전 확산에 전력투구하고 있다.

아울러 독일에서는 새로운 풍력발전의 유형이 연구되고 있다. 풍력발전의 대표적인 수단인 풍차 방식은 풍량이 적을 경우 에너지 밀도가 낮아 발전이 불가능하다. 적정량의 바람이 있어야 발전이 가능한데, 이는 설치 장소의 지리적 조건이 대단히 중요하다는 의미다. 종래 철제 기둥 위에 풍차를 건설하는 방식에서 벗어나 200~400m 상공에 대형 풍선(Balloon)을 띄우고, 풍선 내부에 장착한 발전기를 회전시켜 전기를 생산하는 방식이다. 풍력발전의 결과물인 최적의 출력을 결정하는 데 있어서 가장 필수적인 것은 신뢰성 있는 풍력자원 조사분석 및 예측기술이다. 바람지도(Wind map)를 구축해 풍속, 바람의 분포 등의 고급 데이터를 만드는 것이다. 이를 근거로 하여 대형풍선의 설정 높이와 간격을 결정하는데 중요한 해답을 얻을 수 있다. 일정한 같은 장소에서도 높이에 따라 기류는 서로 다르게 나타난다. 상공에 흐르는 기류에 따라 혹은 바람의 방향에 따라서 자유자재로 대형풍선들이 떠오르거나 내려와 반복적으로 불규칙한 상하운동을 통해 전기를 생산할 수 있도록 설치하는 것이다.

제3장
발전장치와 전력변환장치

동기발전기의 발전
동기발전기를 사용한 시스템 구성
유도발전기의 특성
반도체 전력변환장치

3 발전장치와 전력변환장치

동기발전기의 발전

전기가 생성되기 위해서는 먼저 자계, 즉 자기장이 형성되어야 하고 자기장의 흐름을 끊는 전기자가 있어야 한다. 자기장이 형성되기 위해서는 자극 코일에 전기를 공급해야 하는데 이 역할을 하는 것이 여자기이다. 여자기가 자극에 직류 전류를 공급하면 자극은 전자석이 되어 자장이 형성되고 고정자(전기자) 내부에서 자극(회전자)이 회전하고 비로소 전기자에 전압이 형성된다.

동기발전기에는 자장의 형성 방법에 따라서 권선형과 영구자석형 2종류로 분류할 수 있다. 권선형은 여자기를 설치하고 자극에 자기장을 만들어 발전하는 방식이며 여자기의 종류에 따라서 타여자방식과 자여자방식으로 나누어진다.

자여자 방식은 여자기의 전원을 발전기의 출력에서 공급받으며 타여자방식은 여자기의 전원을 외부에서 공급받는다. 동기발전기의 여자방식은 자여자방식이 많이 사용된다. 영구자석형은 강력한 영구자석을 자극으로 사용한다. 따라서 여자기가 필요 없어 구조를 단순화, 경량화 할 수 있으며 넓은 운전범위와 고효율 발전이 가능하다.

동기발전기의 경우 계통연계 없이 독립운전이 가능하지만, 유지보수와 가격이 높아 대용량의 경우에 주로 적용한다. 이에 반해 유도발전기의 경우 계통 연계되는 곳에 설치되어야 하는 단점이 있지만, 가격 및 유지보수가 동기발전기에 비해 유리하다. 최근 개발되고 있는 소형 신·재생에너지 전력설비에 주로 사용하고 있다.

동기발전기의 구조

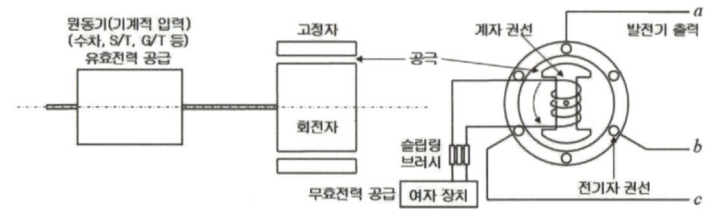

동기발전기의 특성

- 정전압 및 정주파수 유지가 용이하다
- 상용전원과 상관없이 발전이 가능하다
- 여자기의 여자전류 조정으로 역률제어가 가능하다
- 역률개선용 콘덴서가 필요없다.
- 풍력발전기의 회전속도가 일정한 장소에 설치하는 것이 유리하다
- 제어장치가 복잡하여 가격이 비싸다

동기발전기를 사용하는 풍력발전 설비는 일반적으로 기어리스 방식에 많이 적용한다. 기어리스방식은 회전자의 회전속도가 그대로 발전기에 전달되므로 출력전압과 주파수는 회전수의 변화에 따라서 변하게 된다. 따라서 발전기의 출력전압과 주파수를 일정하게 유지하기 위하여 컨버터와 인버터를 설치한다. 컨버터는 발전기의 출력 교류전압을 직류로 변환하고, 인버터는 컨버터에서 만들어진 직류를 다시 교류 상용전압 및 상용주파수로 만들어 상용 전원과 연계운전 한다.

동기발전기를 사용한 시스템 구성

풍력발전설비에서는 대부분 교류발전기가 사용된다. 교류발전기에는 동기발전기와 유도형 발전기가 있다. 동기발전기는 고정자, 회전자, 여자기로 구성되어 있다. 동기발전기의 고정자와 회전자는 전기자 또는 자극의 역할을 할수 있다. 전기자는 철심에 코일을 감은 것으로 코일에 전압을 발생시키는 역할을 하며, 자극은 철심에 코일을 감아 전기를 흘려 전자석으로 만들어 자계(자기장)를 형성하거나 영구자석을 사용하기도 한다.

고정자와 회전자의 역할에 따라 회전전기자형과 회전계자형으로 구분되는데 대부분 회전계자형으로 제작된다. 회전전기자형은 고정자가 자극이 되고 회전자가 전기자 역할을 하며, 회전계자형은 고정자가 전기자가 되고 회전자가 자극이 된다.

회전 전기자형의 경우, 전기자에서 만들어진 전기를 외부로 전달하기 위해 브러시를 설치하여 전달한다. 따라서 출력 용량에 한계가 있고 전달(인출)이 용이하지 않아 특수한 경우를 제외하고는 거의 사용하지 않는다.

그러나, 회전계자형 즉 고정자를 전기자로 하면 전원 인출이 간단할 뿐만 아니라 대용량 발전기를 제작하는데도 비교적 용이하여 대부분 사용된다.

회전계자형을 주로 사용하는 이유

첫째, 3상의 전기자 권선이 고정되어 있으므로 권선의 배열 및 결선이 용이하다. 둘째, 전기자 권선은 고전압(10~30kV), 계자권선은 저전압(~수백 V)으로 절연에 유리하다. 셋째, 회전자인 계자의 인출선이 2가닥으로 슬립링 및 브러시의 수도 그만큼 감소한다. 넷째, 기계적으로 견고하게 제작이 가능하다. 다섯째, 회전자의 관성 증가가 용이하여 안정성을 향상시킨다.

여기에는 다음과 같은 잇점을 들 수 있다. 먼저 계자권선이 있는 회전자는 원동기로 일정한 속도(동기속도)로 회전시킨다. 둘째, 여자기에 의해 계자권선에 직류전류(I_f)를 흘려 자기장을 발생시킨다. 셋째로는 고정자에 있는 전기자 권선에 시간에 따라 유기기전력(E_f)이 발생되며, 계자자속과 전기자 자속의 합성자속에 의해서 유기기전력을 얻는다.

발전기에서 여자기(Exciter)는 발전기의 계자권선에 직류 계자전류를 공급하는 장치이다. 계자전류의 크기를 제어하여 발전기의 유기기전력의 크기를 제어한다. 이를 통해서 전력계통 운용에 요구되는 안정적인 전압을 유지하도록 한다. 발전기는 여자기의 제어를 통해 전력계통에 요구되는 무효 전력을 공급 또는 흡수를 통하여 계통의 안정성을 향상시킨다.

주로 교류 여자방식이 사용된다. 회전정류기 방식(Brushless type)의 여자장치는 가격은 고가이지만, 슬립링과 브러시를 사용하지 않으므로 유지보수 비용이 절감되며, 손실이 저감되는 장점을 갖는다.

아울러 정지형 여자방식Thyristor, 즉 직접여자 방식이 대부분 채용된다. 정지형 여자방식은 발전기의 출력단에 여자기용 변압기과 사이리스터 정류기를 통해서 직류로 변환하고 슬립링과 브러쉬를 통해서 계자에 직류전류를 공급하는 방식이다. 여자기가 정지형으로 유지보수가 편리성으로 현재 대부분 신설 발전기의 여자기로 채용하는 방식이다. 대표적 특징으로는 회전정류기의 정류자 제거로 보수가 용이하며, 발전기의 전체중량이 줄어든다. 따라서 설치면적이 감소되며, 전압 제어의 속응성이 향상되며, 전압변동이 적어진다. 다만, 접촉 저항에 의한 손실이 크고, 마모에 의한 주기적인 유지보수가 필요하다.

전력계통안정화 장치(PSS)

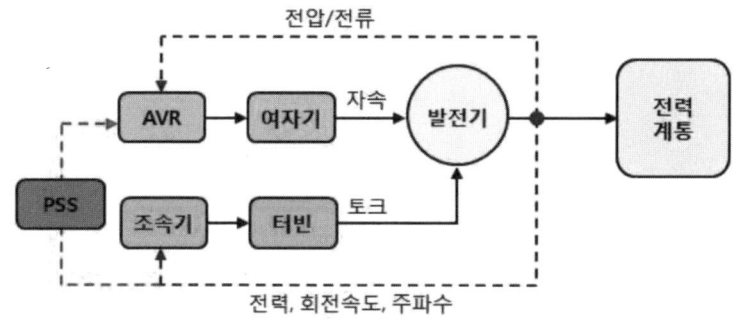

1970년대부터 1980년대에 미국에서 개발된 MW급 풍력발전 실험기인 MOD-O. MOD-2. MOD-5 등에서는 풍차에 직결된 동기발전기를 전력시스템에 직접 접속해 실증시험을 실시했다. 거의 모든 재래식 발전소에서 동기발전기가 사용되어 온 것을 생각하면 이는 지극히 자연스러운 발상이다. 그러나, 실증실험에서 발전출력의 변동에 시달렸다. 이러한 변동성은 기계 및 전기계통의 연성 진동에 기인한다. 풍력 발전 장치의 연성 진동과 관련된 상황을 정리하면 다음과 같다.

① 풍차의 공력 토크는 바람의 변동에 더해 타워 섀도우 영향 등으로 주파수에서 크게 변화가 발생한다.
② 풍력 발전 장치의 드라이브 트레인에서는 풍차와 발전기 등 회전각으로 비틀림 진동이 생긴다.
③ 동기 발전기를 전력 시스템에 연계했을 경우, 발전기 회전각은 동기화력에 비례한 복원력이 작용한다. 또 발전기로부터의 송전 방향은 발전기 회전각에 의해 정해진다.
④ 유도발전기는 정상 상태라고 간주할 수 있을 때 회전각 변동에 대해 대시포트(점성 저항력을 갖는 기계 요소)적인 복원력을 미친다. 또 발전기로부터의 송전전력은 발전기 매끄러움에 의해 정해진다. 동기 발전기를 이용했을 경우, 2개 스프링을 직렬로 연결한 회로에서 근사적으로 나타낼 수 있는 데 반해, 유도 발전기를 이용했을 경우에는 대시포트와 스프링을 직렬로 연결한 회로에서 근사적

으로 나타낼 수 있다.

유도발전기의 특성

동기발전기는 어느 정도의 정해진 속도로 운전하여 일정한 주파수와 교류 전압을 발생시키고 발전효율이 높다는 특성이 있다. 반면, 구조가 복잡하고 비싸다는 단점 또한 있다. 유도발전기는 전류 공급이 없으면 발전할 수 없고 효율도 나쁘므로 전기 생산의 용도로 잘 사용되지 않는다.

발전기는 회전하는 기계적 에너지를 전류로 변환한다. 비동기식 발전기, 즉 유도발전기는 유도 전동기의 원리를 사용하여 철심에 구리선 권선으로 연결된 움직이는 자석과 코일의 운동 에너지를 전압으로 변환한 다음 가전 제품이나 산업용으로 교류 전류로 변환한다.

유도발전기는 일반적으로 세 가지 구성 요소를 포함한다. 회전자(회전 부품), 회전축에 대해 고정되도록 자기회로가 주위에 장착된 고정자(고정 도체 세트), 권선자 등이다.

유도발전기의 동력은 회전자와 고정자 사이의 회전 속도의 차이에서 생성된다. 정상적인 작동에서 모터의 회전 필드는 전기를 생성하기 위해 해당 코일보다 더 빠른 속도로 회전한다. 이는 반대 극성의 자속을 생성한 다음 양쪽에서 더 많은 회전을 생성하는 전류를 생성한다.

한 쪽은 전류를 생성하고 다른 쪽은 입력없이 전체 출력 생성을 위한 충분한 전력이 있는 동기 속도에 도달할 때까지 시동 토크를 증가시킨다.

동기발전기는 회전자의 속도와 동기화된 전압을 생성한다. 반면에 유도발전기는 지역 전기 그리드에서 무효 전력을 가져와 전기를 생성한다. 따라서 동기발전기보다 입력 주파수의 변화에 훨씬 더 민감하다.

따라서, 유도발전기는 몇 가지 단점이 있기에 일반적으로 전력 시스템에 사용되지 않는다. 예를 들어 별도의 격리된 작업에는 적합하지 않다. 유도발전기는 자가 시동 장치가 아니다. 그들은 발전기 역할을 할 때만 전력을 공급할 수 있다. AC라인에서 무효 전력을 가져와 활성 에너지를 다시 라이브 와이어로 생성하는 원리이다.

유도발전기는 동기발전기와 교류 발전기를 사용할 수 있기 때문에 발전기로 사용되지 않는다. 동기식은 무효 전력과 유효 전력을 모두 생산할 수 있는 반면, 유도발전기는 무효 에너지를 소비하면서 유효 전력만 생성한다.

그러면, 유도발전기는 어떤 조건에서 발전기로 작동할 수 있는가. 유도전동기는 원동기의 속도가 동기 속도에 있지만 그 이상은 아닐 때 전력을 생산할 수 있다. 인덕션 모터로 전기를 생산하는 기본 원리에는 공진 주파수가 있는데, 그 주파수를 생성하려면 인덕션 기계 자체 이상이 필요하다. 이 발전기를 효율적으로 작동할 때 두 부품 사이에 결합이 이루어져야 회전 전자기장이 동기화되어 하나의 장치처럼 함께 움직인다.

유도전동기는 항상 부하가 가해져야 하기 때문에 동기 속도로 작동할 수 없다. 부하가 없더라도 이러한 강력한 기계를 실행하면 구리 및 공기 마찰 손실이 여전히 발생한다.

풍력터빈 및 마이크로 수력 기계에 유도발전기가 사용되는 이유는 간단하다. 로터의 가변 속도에서 유용한 동력을 생성하기 때문이다. 유도발전기는 비교적 경제적이며 가변 속도 요인 때문에 풍력발전소에서 주로 사용된다.

우선 유도발전기는 견고한 구조로 인해 유지 보수비가 덜 들어간다. 더 싸기 때문에 일반 케이지 모터가 유도발전기로 사용된다. 동기발전기의 공급 라인과 동기화될 필요도 없다.

유도 발전기는 자체 보호 기능이 있다. 풍력 발전이나 에너지 회수 시스템과 같은 대체 에너지원과 함께 사용된다. 또한 약한 송전선로에서 공급되는 원격 지역의 부하에 추가 전력을 공급하는 데 사용된다. 그러나, 유도발전기는 보조 장비의 리액터 볼트 - 암페어가 필요하다는 점이다. 전원 메인으로부터 리액터 볼트 - 암페어가 필요하다.

풍력발전에 쓰이는 유도발전기

풍력터빈에 사용되는 유도발전기는 권선형 유도발전기 및 농형 유도발전기로 구분할 수 있다. 권선형 유도발전기는 DFIG(Double-Fed Induction Generator)라 하는데 회전자 속도는 동기속도보다 크거나 낮기 때문에 광범위한 풍속에서도 운전이 가능하다. 그러나, 농형 유도발전기의 회전자는 제어할 수 없기 때문에 동기속도 보다 높은 회전자 속도에서만 운전되어 발전에 사용되는 풍속범위가 제한된다. 그러나, 농형유도발전기는 저비용, 소형, 견고성, 브러시 없는(brushless) 설계, 용이한 유지보수 및 과부하 및 단락에 대한 자기보호 등의 장점을 가지고 있다.

농형 유도발전기에는 회전자에 자기여자를 위해 외부 전력이 필요하다. 이러한 전력은 그리드에 연결된 농형 유도발전기 내 유틸리티에서 공급받을 수 있지만, 이것은 매우 낮은 역률을 초래한다. 풍력터빈 구동 3상 3선 유도발전기는 유틸리티에 전력을 공급하고 무효전력 보상기는 유도발전기에 무효전력을 공급한다. 제안된 무효전력 보상기는 전력변환기에 직렬로 연결된 AC 전력커패시터 세트로 구성된다. AC 전력커패시터는 기본 무효전력을 제공하고 전력변환기의 커패시티를 감소시킬 수 있는 유틸리티 전압의 주 기본성분에 저항하기 위해 사용된다. 추가로 AC 전력커패시터 세트는 전력변환기에서 발생한 직류전압을 억제하기 위해 사용된다. 보상 무효전력은 전력변환기 출력전압의 기본 성분의 진폭을 제어하여 조정할 수 있다. 따라서 제안한 무효전력 보상기는 최소와 최대 보상 무효전력 간에 공급된 무효전력을 선형적으로 제어할 수 있다. 만일 유도발전기에 요구되는 무효전력의 변동범위를 미리 알면 DC 모선 전압과 AC 전력커패시터 세트의 커패시턴스를 결정할 수 있다. 농형 유도발전기는 저비용 및 높은 지속성의 장점 때문에 풍력발전에서 여전히 사용된다.

그러나, 역률이 매우 불량하여 이를 보상하기 위한 무효전력

보상기가 필요하다. 그런데 이러한 무효전력 보상기의 특징은 단지 두 개 암 구조가 3상 3선 적용에서 전력변환기에 요구되는 것과 전력변환기의 용량이 작다는 것이다. 이러한 무효전력 보상기는 AC 전력커패시터와 관련된 고조파 문제를 해결할 수 있다. 풍력발전에 사용되는 발전기의 성능이 유틸리티에 공급되는 전력 품질을 결정하게 된다. 이러한 전력품질에 영향을 주는 요소는 발전 전압, 주파수, 역률 및 고조파 잡음을 들 수 있다. 이러한 관점에서 풍력발전에 농형 유도발전기의 적용은 풍속범위에 제한이 있어 동기속도 이상으로 운전되어야 하고 역률보상이 필요한 단점에도 불구하고 저렴한 비용, 소형, 견고성, 브러시가 없는 것과 유지보수가 쉬운 것 등의 장점으로 이에 대한 사용이 증가하고 있다. 향후 전력변환기를 이용하여 효율적 역률 개선과 간단한 구조 및 설치비용의 감소 등 장점을 가지고 있어 풍력발전기의 응용에 기대된다.

반도체 전력변환장치

반도체 전력변환장치는 전력반도체의 스위칭 제어를 통해 최소한의 에너지 손실로 AC/DC변환 등 필요한 형태의 전력을 공급하는 장치다. 최근 사용자의 편의성과 에너지 효율성을 높이기 위해 전력변환장치의 고효율화 및 소형, 경량화에 대한 설계 요구가 증가하는 추세다. 풍력발전장치에서는 동기발전기 내지 유도발전기에 반도체 전력변환회로를 조합, 응용하는 경우가 많다. 현재 반도체가 에너지 기술의 핵심이 되고 있다. 이는 에너지를 만들고, 만들어진 에너지를 효과적으로 보존 전송하고, 이를 낭비 없이 사용하기 위해서 반도체 기술이 필수적이기 때문이다.

반도체는 태양광 셀로부터의 직류와 풍력 발전으로부터의 교류를 변환하고, 전력망의 필요에 맞게 조절한다. 또한 에너지 생산 중 열로 낭비되는 손실을 줄이고, 전력장치의 효율을 높여 전기에너지를 절약 및 비축할 수 있도록 도와준다. 결과적으로 반도체는 에너지의 생성, 전달 및 저장이라는 전기에너지 사슬의 모든 단계에서 에너지를 보다 지능적이고, 효율적으로 처리하는 핵심이다. 반도체 기술이 에너지 효율을 가능하게 한다.

풍력터빈에서는 전력반도체가 전기를 변환해 발전기를 그리드에 연결한다. 또한 풍력터빈의 풍력 변환기는 전송 전력과 별개로 몇 가지 필수적 기능을 제어하기 때문에 최고 품질의 전력 반도체가 필요하다. 특히 풍력터빈 설계는 그리드 안정성을 기하기 위해서는 풍력 변환기에서 가장 중요한 요소다. 그리드 안정성은 동적 기능, 우수한 기능 및 우수한 신뢰성을 제공하는 전력 반도체 소자에 달려 있다고 해도 과언이 아니다.

나아가 차세대 전력 반도체는 실리콘 웨이퍼라는 기초 소재 대신, 실리콘카바이드(SiC), 질화갈륨(GaN), 갈륨옥사이드(Ga_2O_3)까지 3대 신소재 웨이퍼로 제작된다. 신소재로 전력 반도체를 제작하는 경우 전력 효율과 내구성이 뛰어나 주목받고 있다.

풍력발전 비용은 전력변환기가 복잡할수록 증가한다. 또한 제어기의 설계도 복잡할수록 비용에 영향을 준다. 그러나, 제어나 변환기 설계를 고도화 할수록 전 시스템의 효율은 증가된다. DC 승압은 작은 비용으로 그리드 인버터의 복잡한 제어를 감소하는데 도움을 준다. 다이오드 정류기를 제어정류기로 대체하여 발전기와 그리드 유효 및 무효전력의 제어 범위를 크게 할 수 있다. 풍력발전 변환시스템의 이익을 극대화하는 데는 효율과 비용 간 절충이 필요하다. 모든 방식의 제어는 풍력터빈에서 그리드로 최대의 에너지를 전달하도록 설계한다. 전력시스템의 구성요소의 하나인 전력변환기(power converter)는 그리드에 연결된 경우에는 무효전력 보상기(compensator)나 또는 능동필터(active filter)로 사용할 수 있다. 또한 독립된 전력시스템에서는 전력변환기는 제어시스템과 함께 시스템의 주파수를 검출하여 계통전압을 조절하는 기능을 갖고 있다. 특히 풍력발전의 경우에 최근에 발전규모도 커지고 또한 관련 전력 전자기술의 개발 및 그 응용이 급속히 진전하고 있다. 예를 들면 영구자석 동기발전기의 경우는 소규모 전력공급에 유리하여 운전성과 유지보수성이 좋으나, 설치비가 고가의 자석 때문에 큰 규모에는 부적합하다.

반대로 비동기(유도발전기)의 경우에는 설치비는 저렴하여 큰 규모에 유리하지만, 변환기의 비용이 시스템 전력에 따라 증가하는 단점이 있다. 풍력발전 기술은 미국 및 유럽을 중심으로 최근 대형화에 초점을 두고 2MW는 상용화 단계,

4.5MW는 시험 중이고 독일에서는 5MW급의 풍력터빈을 개발 중이다. 앞으로 전력변환기와 같은 요소기술과 시스템 개발의 지속, 관련 요소기술 간의 시스템 통합 기술개발, 계통 연계기술 및 설비의 표준화 등이 필요하다.

앞에서도 언급했지만, 최근들어 풍력발전을 이용한 수전해용 전력변환장치 기술 개발도 한창이다. 이는 풍력발전의 잉여전력을 이용해 청정에너지 그린수소를 만드는 기술의 핵심장치다. 발전소에서 생산한 전력은 항시 사용 가능하고 일정한 출력을 유지하는게 필수인데 풍력발전의 에너지원은 지역과 계절, 기후조건에 따라 자원량의 편차(변동성)이 크다.

하지만, 전력변환장치 시스템을 이용하면 재생에너지원의 변동성과 전력계통의 불안정성을 해소하고 수전해 장치에 전력을 안정적으로 공급할 수 있다. 수소발생장치 핵심 부품인 스택의 수명 향상은 물론 수소 생산 효율을 높일 수 있다. 풍력발전 연계 전력변환시스템은 전력을 일정하게 수전해시스템(전해조)에 전달 할 수 있어 안정적이고 효율 높은 고순도 수소를 생산하도록 개발중이다.

전력반도체란 : 입력되는 정보의 형태는 2진법(0과 1)의 디지털 신호이며 반도체는 이를 제어하는 부품이다. 입력 형태가 전기에너지(전력)이고 이것을 변환, 제어하여 새로운 전력 신호로 바꾸는 반도체가 전력반도체(Power Semiconductor)이다. 구체적으로는 전력 패턴을 바꾸거나 필터링한다. 현재 전기의

생산(발전) 단계부터 변환, 저장, 소비 단계(서비스)까지 전체 흐름에서의 각 단계에서 필수적으로 쓰이고 있다. 직류-교류 변환, 전압 상승 등 전력 제어를 하는 과정에서 에너지 손실을 얼마나 줄일 수 있는지(효율을 높일 수 있는지)가 전력반도체에 의해 좌우된다. 특히 발전, 송배전, 저장을 거치는 과정에서 수십 킬로 볼트 이상 고전압(High Voltage)이 사용되는 등의 각종 가혹한 환경에서 고장(Error)없이 안정적이면서 에너지 변환 손실 없이 작동되는 것이 무엇보다 중요하다. 풍력 발전의 경우 송배전의 초고압 직류화, 전기의 저장 장치 및 시스템 등 분야에서 시장의 성장이 예상된다. 에너지 고효율화가 강조되면, 고전압, 고열 등에 견딜 수 있는 혁신적인 전력반도체가 요구된다. 각 단계별로 기존 효율을 각 1~2%씩만 높여도, 결과적으로 전체 합으로 보면 상당 수준의 효율을 높일 수 있기 때문에 차세대 전력반도체는 획기적인 가치 창출 기회가 될 것이다. 1~2%만 높여도 기존 전력 산업의 규모와 성숙도를 고려할 때 큰 가치를 창출할 것이다. 전력반도체는 여타 반도체와 유사하면서도 고유의 특성을 가지고 있다.

전력반도체 고유의 특성은 크게 세 가지다. 첫째, 나노급의 고집적도보다는 높은 수준의 내구성과 신뢰성이 요구된다. 데이터 저장이나 신호 처리 등이 아닌, 큰 용량의 전류 전압을 제어하는 역할을 하기 때문에 내구성이 요구된다. 전력반도체가 손상되면 전력 공급 자체가 중단된다. 예를 들면 전기 자동차가 운행하다 전력 모듈이 고장 나 도로 중간에 갑자기 멈춰버

리면 위험천만한 상황이 초래된다. 이 때문에 전력반도체를 사용하는 수요 기업 입장에서는 완제품의 신뢰성 확보를 위해 공급자의 생산 경험(Reference)을 중요시하고 있다.

제4장

풍력발전 제어 시스템

출력 제어의 일반적인 특징
전통적 제어 시스템
사전 검증에 대하여
풍력터빈 제어에 미치는 변수
실속 제어 기술
피치제어 방법

④ 풍력발전 제어 시스템

 풍력발전기는 풍속의 변화에 의하여 출력의 변동성이 크다. 주파수와 전압의 안정성 유지가 매우 중요하다. 전력 생산만큼 중요한 요소이다. 불안정한 주파수와 전압의 전력이란, 쓸모없는 물건을 만들어내는 경우와 같다. 전력계통에서 발전전력과 소비전력이 균형을 이루지 못하면 주파수가 변동한다. 주파수를 규정치로 유지하기 위하여 시시각각 변하는 소비전력에 대하여 발전기의 출력은 항상 균형을 이루도록 세심하게 관리해야 한다. 풍력발전은 풍속에 따라 시시각각 출력이 변하기 때문에 돌풍 등에 의해 풍력발전기의 출력이 증가하면, 감속기에 의해 출력을 감소시키고 주파수 조정이 가능하도록 한다. 풍력발전이 총발전원에서 차지하는 비율이 충분히 작은 경우에는 출력변동에 의한 주파수 변동이 거의 없지만 그 비율이 높아지면 주파수 변동폭도 커지게 마련이다. 전력계통의 안정성에 대해서는 뒤에서 충분히 설명할 것이다. 안정을 위해서는 우선 풍력터빈 제어 방식을 이해할 필요가 있다.

 우선 풍력발전의 출력과 풍속관계이다. 정격출력은 설계상의 최대 연속 출력으로 일반적으로 연간 풍력에너지를 가장 많이 생성할 수 있는 풍속으로 설정한다. 정격풍속은 정격출력이 언어지는 풍속으로 보통 12~14(m/s)이다. 시동 풍속은 풍차가 발전을 개시할 때의 풍속으로 보통 3~5(m/s), 한계 풍속은 풍속이 과할 때 풍차의 안전을 위해 발전을 정지하는 풍속으로, 통상 25(m/s)로 설정한다.

기계 장치부는 바람으로부터 회전력을 생산하는 회전날개(Blade), 주회전축(Main Shaft)를 포함한 Rotor(회전자), 이를 적정속도로 변환하는 기어박스(Gearbox), 기동 및 제동 및 운용 하는 제어기, 피치(Pitch) 제어장치 및 요(Yaw) 드라이버 등으로 구성된다.

전기 장치부는 발전기, 안정된 전력을 공급토록 하는 전력변환 장치 등이다.

제어 장치부는 풍력발전기가 무인 운전이 가능토록 설정, 운전하는 제어시스템 및 피치 및 요제어장치, 원격지 제어, 지상 모니터링 시스템으로 구성된다. 풍력발전기 분류는 보통 수평축(프로펠러 형)과 수직축(다리우스 형, 사보니우스 형)으로 구분한다. 수평축 방식은 바람 에너지를 최대로 받기 위한 바람 추적장치(Yawing System, pitch control)등으로 구성한다. 시스템 구성상 복잡하나 가장 안정적이고 고효율 풍력발전 시스템으로 인정받고 있어 대부분 이 방식을 채용한다.

출력 제어의 일반적인 특징

위 두 가지 유형은 동력전달장치에 따른 구분인데, 먼저 기어형(Geared type)을 설명한다.

기어형

① 발전기의 출력주파수를 계통의 상용주파수에 맞추기 위하여 회전자의 회전속도를 증가시키기 위하여 기어박스(Gearbox)를 사용하는 풍력발전기이다.
② 전력계통연계시 돌입전류 저감을 위한 소프트 스타터가 필요하다.
③ 회전자 → 기어박스(증속장치) → 발전기 → 연계 변압기 → 전력계통

기어리스형(Gearless type)

① 기어리스형은 기어박스 없이 발전기와 로터를 직접 연결하는 풍력발전기이다.
② 발전기 후단에 전력변환장치(인버터)를 설치되므로, 기어형에 비해 시설비가 증가한다.
③ 기어리스형에는 일반적으로 동기발전기를 사용하게 되는데, 최근에 들어서는 효율 향상을 위하여 영구자석을 많이 사용하고 있다.
④ 회전자 → 발전기 → 전력변환장치(인버터) → 연계 변압기 → 전력계통

구분	기어형	기어리스형
장점	•계통연계가 간편함 •저렴한 제작비용으로 고신뢰도의 동력전달계통 구성 •보편적인 기술로 적용성이 뛰어남 •장기간 노하우의 축적으로 신뢰성 높음	•기어박스 등 많은 기계부품을 제거할 수 있음 •나셀(nacelle) 구조가 매우 단순해져 유지보수가 편리함 •증속기어의 제거로 기계적 소음 저감. •역률제어가 가능하여 출력에 무관하게 고역률 실현가능함.
단점	•증속기어의 기계적 마모 •기계적 소음발생의 원인 •유지관리 비용의 상승 •역률개선을 위한 콘덴서 필요	•크고 무거우며 제작비용이 많은 다극형 발전기가 필요 •중량이 큰 풍력발전기의 지지의 문제 •장기적 입장에서 인버터의 신뢰성 문제 •인버터 등 전력기기로 계통연계로 고주파 발생

나셀 (Nacelle)
- 로터에서 얻은 회전력을 전기로 변환하는 모든 장치들이 들어 있는 상자와 같은 케이스
- 회전축 (rotor shaft), 변속기어 (gearbox), 브레이크 시스템, 요잉 시스템 (yawing system), 피치각 구동 시스템, 발전기 등이 들어있음
- 타워 상부에 설치

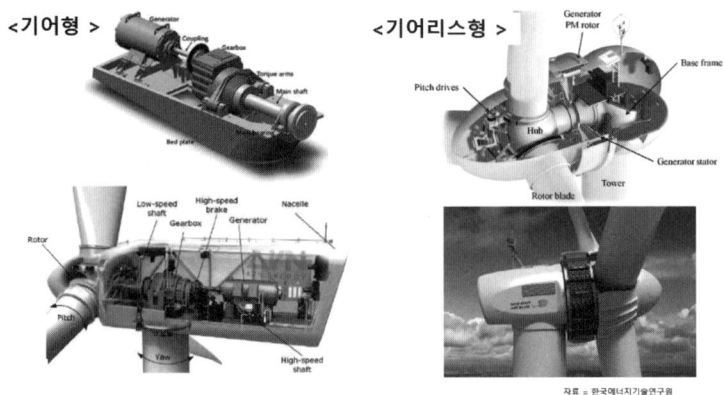

자료 = 한국에너지기술연구원

 풍력발전기의 정격 발전량은 정격 풍속에서 작동하는 정격 회전수와 토크에 의해서 결정된다. 풍속이 증가하면 바람에너지는 풍속의 3승에 비례하여 증가한다. 정격 풍속 이상이 되면,

로터나 발전기 보호를 위해 발전량이 더 이상 증가하지 않도록 제어되어야 한다.

이때 정격 출력이 발생되는 풍속을 정격 풍속(설계 풍속)이라고 한다. 일반적으로 정격 풍속이 높으면 전체 풍속빈도에서 발생되는 발전량이 정격 출력에 못 미치는 경우가 많아 경쟁력이 없다. 반면, 정격 풍속이 낮으면 이를 보완하기 위해 풍력발전기의 날개가 커지고, 이는 설치비용의 증가로 이어진다. 그림은 풍력발전기의 출력 특성을 나타낸다. 그림의 굵은 선 모양이 제어 곡선이다. 정격 풍속에서는 최대 출력을 내도록 바람에너지의 변동 특성에 따라 토크 제어가 주로 이루어진다. 이후의 영역에서는 과출력이 발생되지 않고 일정한 출력이 유지되도록 시스템을 보호하기 위해 피치제어나 실속제어로 제어된다. 정격풍속보다 높은 과풍속 영역(Region III)에서 발전이 안 되도록 하는 것이 풍력발전기의 가장 중요한 기술이다.

풍력 발전기에서는 바람이 가지고 있는 운동에너지가 다양한 형태의 날개(blade)에 의해 회전에너지가 생성되고 발전기를 통해 전기에너지로 변환된다. 제어의 핵심은 발전기의 토크(회전부하)와 회전날개의 회전토크를 서로 매칭시켜 주는 것이다. 양자의 크기를 일정하게 유지해주면 회전속도의 변화 없이 안정된 전력을 생산할 수 있다.

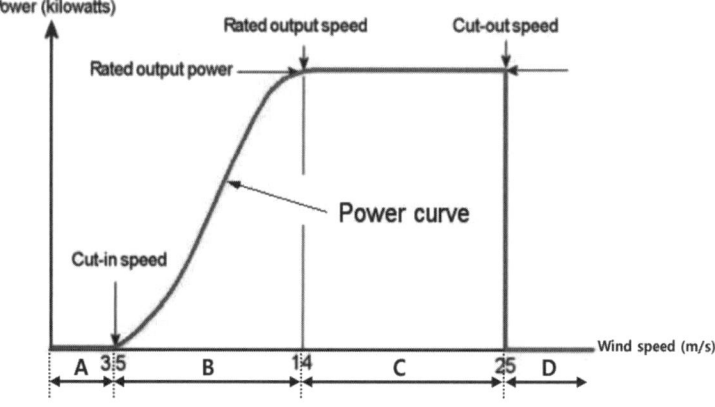

구간 A
- 풍속이 시동풍속보다 작아 발전하지 못함

구간 B
- 풍속이 시동풍속보다 크므로 발전 시작하나, 생산하는 출력이 정격출력보다 작음
- 최대의 출력을 생산하도록 제어

구간 C
- 정격출력보다 더 많은 출력 가능하나, 설계에 적용된 정격출력만 생산하도록 제어
- 토크는 일정하게 유지하면서 피치각을 제어하여 출력 및 회전수를 정격으로 일정하게 유지

구간 D
- 풍속이 종단풍속보다 크므로 작동을 중지하고 출력을 생산할 수 없는 상태
- 구조적 손상을 피하기 위해 피치각을 조절하여 페더(feather) 상태 유지

 날개의 회전토크는 바람의 크기, 즉 풍속에 따라 커지거나 작아지며, 발전기의 토크(회전부하)는 전류의 크기에 따라 달라지는 전자기력에 의해 커지거나 달라진다. 발전기 출력을 제어하여 발전기의 회전부하(전자기력)를 조정하면 발전기와 연결된 날개 회전속도를 늦출 수도 있고 빠르게 할 수도 있게 된다. 그러나, 풍속이 높아져 과출력이 발생하면 더 이상 전류의 양을 조정하여 시스템을 제어할 수 없는 상태가 된다. 이런 경우에는 날개 자체에서 발생하는 회전토크를 줄이거나 브레이크를 사용하여 풍력발전기의 과출력을 억제하게 된다. 과출력

제어가 실패하면 발전기와 전기 계통이 소손되거나 화재가 발생한다.

풍력터빈 제어 기술은 풍력터빈의 기술 경쟁력을 좌우할 정도로 핵심 기술이다. 풍력터빈의 기계적 부하 저감 기술은 20년 이상의 풍력 시스템 수명주기를 보장하는 핵심 요소이다. 전 세계적으로 풍력터빈의 설치 용량이 증가하고 미래 전망이 밝다. 하지만, 아직 높은 초기 설비투자로 단위당 생산비가 높다. 육상에서 멀리 떨어져 있는 해상 풍력터빈은 접근성이 떨어져 운영 및 보수비는 물론 송전 설비도 고비용이다. 그러나, 적절한 제어 전략과 운영 개선을 통해 해상 풍력발전의 생산단가를 훨씬 줄일 수 있다.

전통적 제어 시스템

고정 피치 터빈이 처음에는 저렴하지만 피치각의 조정 불가능으로 구조물의 부하가 더 현저한 대형 풍력터빈 영역에서는 인기가 없다. 풍력터빈은 가변 속도나 고정 속도로 운영할 수 있는데, 고정 속도 풍력터빈은 간단하고 강건하지만, 메가와트 규모 터빈에서는 바람에서 에너지를 추출하는데 비효율적이다. 특히 가변풍속 영역에서 구동계통에 기계적 응력을 유도하기 때문에 인기가 없다. 오늘날 제조되는 메가와트 급 풍력터빈은 대부분 가변속도, 가변피치 및 수평축 터빈이다. 각 날개(블레이드)를 독립적으로 제어하기 위하여 개개 블레이드 구동기구를 설치한다. 또한 이들은 여러 센서도 설치되어 다중 입출력

(MIMO: multi-input multi-output)으로 건설되고 있다.

풍력터빈 변환시스템의 제어 계층은 감시제어, 가동제어 및 하위 시스템 제어의 세 가지로 구분한다. 고 수준 또는 감시제어 시스템은 터빈의 시작과 정지절차의 임무를 띤다. 하위 시스템제어는 피칭, 요잉(yawing) 및 발전기 전력전자단위와 같은 여러 구동 기구로 구성된다. 대부분의 풍력터빈은 비례적분, 집단적 날개피치 제어장치 및 토크 제어장치를 사용한다.

발전기 토크제어는 풍속이 발전 가능 속도보다 크지만 정격 값보다 낮을 때 토크제어기를 사용하는 경우에 해당한다. 즉 발전전력을 극대화하기 위해 표준 발전기 토크 제어기를 사용한다. 이것은 로터를 가속 또는 감속하여 최적 전력효율 근처에서 들어오는 바람의 속도를 맞이하여 터빈을 가동하는 방법이다.

표준 집단적 피치제어는 구조물에 걸리는 부하를 제한하는데 목적이 있다. 주 목적은 정격 값 근처에 발전된 전력을 조정하고 풍력터빈 시스템의 기계적 및 전기적 제약의 위반을 피하기 위하여 구조물의 부하를 제한하는 것이다.

다음으로 풍력터빈의 구조적 부하이다. 이는 풍력터빈의 크기와 정격 출력전력이 커지면서 공기역학과 중력으로 유도된 구조물 부하의 악영향이 커진다. 구조물의 부하가 완화되지 않으면 바람직하지 않은 성능을 야기하거나 심지어 전체 풍력터빈 시스템의 초기고장을 초래할 수 있다.

특히 해상풍력터빈은 가혹한 환경조건하에서 가동하기 때문에 고난도 제어 방식이 채용되어야 한다. 해상풍력은 더 높은 속도의 바람을 받고 염분이 함유된 해양환경에 노출된다. 이 때문에 부식되기 쉽다. 그 결과 해상풍력터빈의 부품은 높은 기계적 성질, 높은 피로강도 및 높은 부식저항을 가져야 한다. 블레이드와 허브로 구성된 로터는 풍력터빈 시스템에서 가장 고가의 부품이다. 총 풍력터빈 가격의 20%를 차지한다. 블레이드는 가장 일반적으로 사용되는 유리, 탄소 및 아라미드 섬유로 개선된 섬유강화 플라스틱(FRP)을 사용하여 제조된다.

최근 고급 제어방법이 확산하는 추세에 있다.

첫째, 전력의 속도 조정과 부하 완화 문제이다. 전통적 방법의 경우 높은 조화 부하가 대형 풍력터빈에서 피로부하에 상당한 원인이 된다. 그래서 메가와트 크기의 풍력터빈에서 높은 조화 부하의 구조물 부하를 완화하는 것이 필요하다. 느리고 다양한 로터 기울임을 완화하기 위한 주기적 블레이드 피치 제어법이 제안되었다. 여기서 피치각은 지역적 유입각과 각각의 로터 블레이드의 상대속도에 따라 조절된다.

둘째, 전력 최적화 제어 문제이다.
풍력터빈에서 또하나 중요한 목표는 저풍속 영역 중 출력 효율을 극대화하는 것이다.
이 문제를 해결하기 위해 제어 분야는 정격 이하 풍속일 때 최대 역학적 효율을 도출하도록 설계한다. 여기에는 이중여자

유도발전기(DFIG: doubly fed induction generator)를 구비한 가변속 풍력터빈이 일반적으로 채용된다. 이는 비선형 연쇄 제어기를 사용하는데, 그 목적은 발전출력을 극대화하기 위함이며, 구동 계통의 강력한 부하 과도현상을 피하는 것이다.

셋째, 전력 최적화와 부하감소 제어 방법이다.

이 두 가지 목표를 실현하기 위하여 비선형 동적상태 피드백 제어기와 선형피치 제어기를 조합한다. 속도 조정과 전력 제어 사이의 절충이 로터속도를 조정하기 위하여 전력 추적 오류 제한과 피치 제어기에 의하여 달성한다.

넷째, 풍력터빈 제어에 영향을 주는 새로운 동향이다. 최근에는 광파 탐지 및 거리측정(LIDAR: light detection and range) 센서가 역풍이 터빈과 상호작용하기 전에 역풍속도를 측정해서, 들어오는 바람의 역학이 터빈 자체보다 빠르기 때문에 터빈이 출력신호를 제어하기 위하여 대응하는 시간을 허용할 수 있다. 다변수 제어장치가 전력의 속도 조정과 구조물 부하감소에 관련된 목적들을 실현하기 위한 피드백 루프에 사용된다. 이 종류의 제어계획은 대형 풍력터빈을 위하여 적용할 수 있다. 규모 경제를 활성하기 위해서 크기와 전력 정격이 확대되면 풍력터빈에 의한 단위 전력생산의 가격은 감소될 수 있다. 거대한 크기를 갖는 터빈을 제작하는 것은 구조물 하중과 관련된 문제와 발전된 전력의 열등한 품질을 야기할 수 있다.

상충하는 요구를 갖는 이 같은 제어요구를 만족하기 위해서는 다목적 문제점에 대처할 수 있는 혁신적인 제어법이 필수적이다. 공기역학적 하중은 구동 계통에 높은 변동 토크를 초래한다. 이는 바람직한 제품 수명에 도달하기 전에 고장의 원인이 된다. 최적의 전력생산과 구동 계통의 하중감소 사이에 균형을 맞추기 위하여 제어기는 보다 연구되어야 한다. 단일 입력 및 단일 출력이기 때문에 피치와 발전기 토크를 조종할 수 있는 다변수 제어법이 도출되어야 한다.

한편, 고풍속 영역에서도 풍속 제어와 구조물 하중감소가 다변수 제어전략에 의해 실현될 수 있도록 고안되어야 한다. 유효 풍속이 풍력터빈에 작용하기 전에 그에 대한 사전 정보를 통해 제어기를 설계한다면 풍력터빈의 반응시간은 개선될 것이다.

✈ 사전 검증에 대하여

풍력발전기 제어 시스템의 원가는 설비 자체의 1% 미만으로 매우 적다. 하지만, 제어 시스템 성능여하에 따라 블레이드, 타워 등을 경량화함으로써 원가 절감에 크게 기여할 수도 있다. 풍력발전기의 설비 용량을 늘려도 제어시스템 비용은 증가하지 않기에 사실상 풍력발전의 경쟁력을 높이는 핵심 요소이다.

최근 재생에너지의 비중이 증대되면서 출력 변동성 때문에 전력계통의 복원력을 약화시키는 문제 등이 자주 발생되고 있다. 이에 따라 대용량 풍력발전기에는 제어 알고리즘 개발과

업그레이드를 통한 합성관성(Synthetic Inertia) 제어기술과 계통지원 기능(Grid Support)의 필요성이 증대되고 있다. 합성관성 기술과 계통지원 기능은 재생에너지의 변동성을 제어해 전력 계통에 안정성을 높이는 기술이다.

이에 따라 풍력발전기 제어알고리즘에 대해 시험 평가할 수 있는 사전검증시스템이 개발되었다. 즉 풍력발전기 내부의 각종 특성 값과 풍속과 풍향 등 외부환경 조건에서 풍력발전기의 전기적인 출력을 통해 제어알고리즘을 평가할 수 있는 시험장비와 기술 개발이다.

현재 보편적으로 사용하고 있는 것은 10ms(0.01초) 제어주기의 풍력발전기 제어 알고리즘을 들 수 있다. 이에 더해 사전검증시스템은 개방형 플랫폼 형태로 개발되어 있다. 주요 구성품의 탈부착이 용이해 다양한 풍력발전기 종류와 내부 부품을 시험할 수 있고 복수의 풍력발전기로 구성된 풍력발전단지에 대해 제어 및 다중화(Redundancy) 통신시스템에 대한 신뢰성 검증도 가능하다. 제어알고리즘 최적화 및 신뢰성 높은 운전으로 원가 절감은 물론 운영비용도 감소시킬 수 있다.

현재 풍력터빈은 에너지 회수 효율의 증대 및 단위용량 당 건설비 절감을 목표로 대형화 추세에 있다. 덴마크의 Vestas, 미국의 GE Wind의 경우는 이미 3MW급 시스템이 상용화 되었으며, Enercon의 경우에는 6MW급이 실증 테스트 중에 있다. EWEA (European Wind Energy Association)에 따르면 유럽의 해상 풍력은 2010년 40GW, 2020년에는 70GW로 급

속한 보급이 이루어질 것이다. 국내에서도 최근에는 서남해안의 5GW급 풍력단지 조성을 추진이다. 풍력터빈에서의 제어기술은 대형 풍력터빈의 기술 경쟁력을 좌우할 정도로 핵심적인 것이다.

제어기술에 의한 풍력터빈의 기풍력터빈 제어는 바람으로부터의 에너지 획득 비용을 최소화하는 것을 목표로 한다. 이를 위해서는 풍력 에너지 최대회수, 기계적 하중 최소화, 전력품질의 관점에서 기술이 실현되어야 한다. 풍력 에너지의 최대 회수를 위해서는 기동 풍속과 차단풍속 범위 안에서 풍력터빈 안정성을 고려한 최대 에너지 회수를 위한 피치각(pitch angle) 조절과 선단속도비를 제어하는 기술이 핵심이다.

기계적 하중을 최소화하기 위해서는 풍력터빈 운전중 공기역학적으로 발생되는 기계적 스트레싱을 감지하여, 적절한 제어 신호를 산출하고 이를 활용하여, 각 날개의 피치각을 개별적으로 제어해야 한다.

✈ 풍력터빈 제어에 미치는 변수

풍력터빈에서 풍력 에너지 출력의 최대 회수와 기계적 부하의 최소화는 다음과 같은 2가지 제어 변수의 조절을 통해 가능하다.

첫째, 회전날개 피치각이다. 피치각을 조절하면, 바람에 대한 날개 받음각(angle of attack)을 변화시킬 수 있다. 받음각이 변화되면, 날개에서 발생되는 양력과 항력이 변화되는데, 이를 통하여 회전날개의 공기역학적 토크를 변화시킬 수 있다.

둘째, 회전축 반력 토크이다. 증속기 고속 회전자에 직결된 발전기의 회전자에 작용하는 반력 토크로 고속 회전축의 회전을 방해한다. 즉, 반력 토크를 사용하여 회전 날개의 속도를 제어할 있다.

발전기의 반력토크가 날개에 의해 로터에 가해진 공기역학적 토크가 같아지는 경우와 같이 풍력시스템에 가해지는 순 토크가 0일 때 풍력터빈은 안정된 운전점에서 동작한다고 할 수 있다. 피치각 제어는 공기역학적 토크를 제어하기 위한 가장 쉬운 방법이다.

풍력터빈 제어 전략은 파워커브를 이상적으로 추종하기 위한 방법이다. 이는 각기 다른 풍속을 갖는 풍력터빈 운영상황에서 안정된 상태의 토크 또는 파워를 유지하고 로터의 회전속도를 유지할 수 있느냐의 전략이라고 할 수 있다.

풍력터빈이 대형화되면서 제어장치가 갖춰야 하는 요구사항을 살펴보면, 가장 중요한 것이 설비에 대한 신뢰성이다. 풍력터빈의 운전 환경에 대한 하드웨어적, 소프트웨어적 고가용성(high availability)가 보장되어야 한다. 또한 입출력에 대한 확장성이 보장되어야 한다. 복잡한 풍력터빈을 제어하기 위한 입출력은 기존의 단일 입출력(SISO : Single Input Single Output) 구조에서 다중 입출력(MIMO : Multiple Input Multiple Output)으로 변화하고 있다.

제어 기술은 회전날개, 발전기, 기어박스와 같은 풍력터빈의 핵심부품 만큼이나 중요한 비중을 차지한다. 제어 설비에 드는 비용은 비교할 수 없을 정도로 소액이지만, 제어장치 기술은 풍력터빈의 성능 및 수명을 좌우할만큼 핵심적이다. 풍력터빈 제어기술은 덴마크, 미국, 독일 등 선진국에 비하여 한국은 현저하게 낮다. 그동안 풍력터빈 시스템, 고가 부품기술에 집중해오던 패러다임을 제어장치 등 소규모 부가가치 지능기술로 변화시켜야 한다.

실속 제어 기술

과풍속 영역에서 출력을 제한하는 일반적인 방법 가운데 실속 제어는 실용적인 방법이다.

블레이드 실속 특성을 활용하여 회전날개 자체에서 발생하는 토크를 억제하는 방법이다. 즉 날개의 특성 중에서 양력이 급격히 낮아지는 지점인 실속을 이용하여 정격 풍속 이후 영역에서 날개의 받음각이 실속 영역에 들어가도록 날개를 설계하는 것이다. 실속 영역의 날개는 익형에서 발생되는 양력이 낮아지면, 날개 전체의 회전 토크를 감소시켜 회전수 증가를 억제하고, 과출력이 일어나지 않도록 제어할 수 있다. 이는 회전날개 설계 시 고려해 제작하면 가능하다. 별도의 제어장치가 필요하지 않다는 말이다. 이 때문에 가격이 저렴한 소형 풍력 발전기(국내에서는 30 kW 이하)에 일반적으로 적용된다. 하지만 돌풍의 발생이나 설계 품질이 떨어지면 날개의 파손이나 발전기의 고장 등 시스템에 치명적인 고장의 사유가 될 수 있다. 난류

강도가 높은 영 역에서 발생되는 실속 지연 현상 때문에 발전 시스템이 손상된다는 단점도 있다.

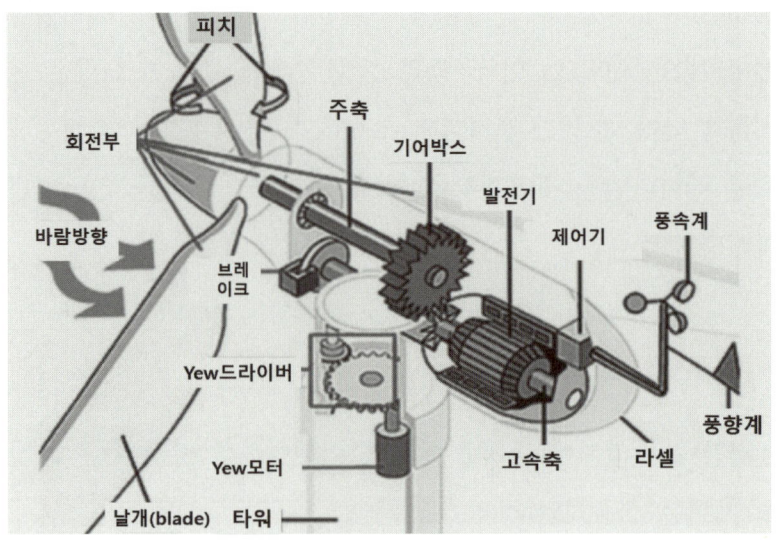

✈ 피치제어 방법

피치제어는 전기 기계적 장치, 유압 장치 등을 이용하여 날개의 각도를 조정하여 양력의 크기를 조절한다. 날개 각도를 조정하면 양력계수가 감소하는 특성을 이용하여 피치 각도를 조정, 회전 토크를 제어할 수 있다. 즉 받음각을 조절할 수 있기 때문에 정격풍속 이상에서 과출력을 제어할 수 있다. 하지만, 피치제어는 실속제어에 비해 장치가 복잡하고 설치비용이 많이 든다는 단점이 있어 소형풍력시스템에 적용되지 않는 것이 일반적이다.

수동형 피치제어

피치제어에서 활용되는 별도의 구동장치 없이 회전날개에서 발생되는 회전력이나 추력 혹은 피치모멘트를 활용하여 피치를 가변시키고, 작용된 힘이 약화되었을 때 탄성력이 복원되는 방식인데, 수동형 피치제어라고 한다. 이 방식은 비교적 낮은 가격으로 피치제어 기능을 구현할 수 있어 30kW급 내외의 소형 풍력발전기에 활용된다. 수동형 피치제어는 탄성체를 이용하여 각 날개를 독립적으로 제어하는 방식이다. 압축, 인장, 코일 스프링 혹은 기타 탄성체를 원주방향으로 배열하여 블레이드에 발생하는 하중을 제어하는 방법이다. 블레이드 루트 부분에 무게를 장착하고, 각 회전수에 따라 다르게 발생하는 원심력을 이용하여 회전수에 따라 블레이드를 제어하는 방식으로 개발되었다. 다시말해 설계풍속 이상의 바람이 가해지면 익형에서 유효한 피치모멘트가 발생되고 날개의 피치각이 움직이게 되어 토크를 조정하게 되며 바람이 다시 작아지면 스프링 복원력에 의해 피치가 다시 원위치로 복원되도록 하는 방식이다.

결론적으로 풍력발전기는 정격 풍속 지점을 기준으로 정격 풍속 범위 안에서는 최대 출력을 발현하도록 바람에너지의 변화에 따라 토크 제어가 주로 이루어지고, 정격 풍속 밖의 영역에서는 과출력이 발생되지 않도록 시스템을 보호하는 피치제어나 실속제어가 주로 채택된다.

종합하면, 과풍속 영역에서 출력 제어는 날개의 실속 특성을 활용하여 회전날개 자체에서 발생하는 토크를 억제하는 실속제어 방법과 날개의 각도를 조정하여 회전속도와 토크를 제어할 수 있는 피치제어 방법이 주로 쓰인다.

실속 제어는 소형 풍력발전기에 일반적으로 많이 사용된다. 다만, 돌풍이나 설계 오류의 경우 대책이 없다는 단점이 존재한다.

피치제어의 경우에도 장치가 복잡하고 설치비용이 많이 든다는 단점이 있다. 따라서 소형풍력발전기에는 적용하지 않는 것이 일반적이다. 반면, 별도의 구동장치 없이 익형의 공력 특성을 활용하여 날개의 각도가 제어되는 수동형 피치제어 모듈을 적용하면 돌풍 등에 의한 이상하중에서도 블레이드의 피로/내구성능을 향상시키고, 블레이드의 파손을 예방할 수 있다.

세계적으로 30kW 내외 소형 풍력발전에 수동형 피치제어 장치의 적용이 확대되는 추세이다. 국내에서도 익형 주변에서 발생되는 피치모멘트로 작동되고 스프링으로 복원되는 수동형 피치제어 모듈이 개발되고 있다.

우선 흔히 채택하는 방식들을 거듭 정리하면 다음과 같다.

첫째, 피치제어 방식이다.

정격풍속을 초과한 경우 블레이드의 회전수와 토크를 감소시켜 발전기를 보호해야 한다. 피치 제어는 날개의 피치각을 유압기나 전동기로 제어하여 날개의 변환 효율을 제어하는 방식이다. 즉 피치 제어에서는 저풍속 시에는 피치각은 작은 값으로 유지하여 운동에너지를 늘리고, 과풍속 시에는 피치각을 조절해 출력을 감소시킨다. 풍차 정지 시에는 풍차 날개를 풍향에 평행하게 해서(페더링) 제어하는, 풍차토크를 억제하는 방식이 있다. 받음각(angle of attack)이 크면 날개 윗면을 따라서 흐르는 공기는 완전히 날개 표면을 따라서 흐르지 못한다(그림 참조). 공기가 날개 표면에서 분리되면 그 분리점 이후 날개 윗면에서 와류가 발생하여 압력이 증가하고 전체 양력이 감소한다. 이를 스톨stall 현상이라 한다. 받음각이 계속 증가하면 양력을 발생하지 못하게 되어 날개는 회전력을 잃고 정지한다. 보통 중대형에는 피치 제어방식(Pitch Control)이 일반적이다. 현재 대부분의 MW급 이상의 풍력 발전기는 대형화에 따른 시스템의 안정적 출력 확보를 위해 정격풍속 이상에서 피치제어를 통해 일정한 출력을 얻는다.

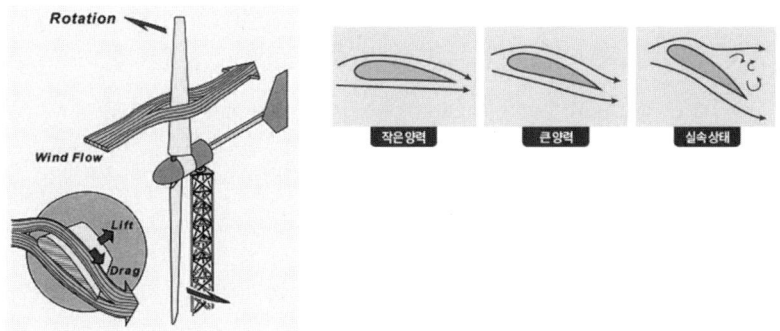

피치제어 방식의 특징은 다음과 같다.
① 바람 속도에 따라 블레이드의 피치를 제어하여 출력을 능동 제어한다.

② 넓은 풍속제어 범위를 가지며, 효율이 높아 대부분 이 방식을 채용
③ 극한 풍속에서는 바람방향으로 날개각을 평행 정렬시켜 풍차 토크를 억제한다.
④ 피치 제어 종류에는 유압식, 전동식이 있다.

둘째, 중소형 풍력에는 실속제어(Stall Control) 방식을 채용한다.

풍차날개의 형상을 설계해 고풍속 시 출력을 억제할 수 있다. 스톨 제어(실속 제어)는 기본적으로 피치 제어와 같이 가동부가 불필요하다. 그러나, 난류 강도, 날개 표면 상태, 공기 밀도 등 다양한 조건에 의해 공력 토크가 변화한다는 단점이 있다.

① 블레이드를 허브에 일정 각도로 고정하고, 한계풍속 이상으로 풍속이 커졌을 때 양력이 회전날개에 작용하지 못하도록 제어한다. 바람의 원리를 이용해 실속의 발생으로 출력을 제어한다.
② 복잡한 공기역학적 설계가 필요 → 블레이드 설계의 어려움

셋째, 최근 대형 풍력발전기에는 회전자의 회전 속도 제어방식이 채택된다.

피치와 요잉 제어 이외에 추가적으로 풍차 날개의 회전속도를 풍속에 따라 제어할 수 있다. 정격풍속 이하의 풍속에서 주

속비(풍속에 대한 블레이드 회전 속도비)를 항상 최적 설계 값으로 유지할 수 있도록 하여 에너지 추출을 극대화 할 수 있게 한다. 주속비가 점점 커져(풍속에 비해 블레이드의 회전속도가 증가하면) 일정 값 이상이 되면 바람으로 인출되는 에너지량이 감소하도록 설계한다. 수평축 풍력발전기의 경우 주속비는 7~8이며, 수직축 풍력발전기의 경우 주속비는 1이하로 보통 설계된다.

넷째, 계통연계 방식이다. DC link 방식의 경우, 변환장치가 필요하므로 설비가 복잡하지만 안정적인 전력 확보가 가능하다. 그리고, 전력계통에 미치는 전압 변동, 주파수 변동 등의 영향을 줄일 수 있어 이 방식이 주로 채용된다. 다만 전력전자 소자에 의한 고조파 발생의 문제가 있을 수 있다. 이어 AC link 방식이 있다. 이는 단순히 전압을 승압하여 연계하는 방식으로 설비는 간단하지만 출력의 변화가 심하다. 대용량 전력계통 연계 시에는 전압 변동, 주파수 변동, 보호 협조 등의 문제가 있을 수 있다.

제5장

그린뉴딜 핵심은 해상풍력

육상풍력과 해상풍력
국내 해상풍력 기술 수준
해상풍력발전의 장애 요인
부유식 해상풍력발전
신·재생에너지 확대에 따른 국가적 편익
에너지 전환 시대와 풍력발전
저비용의 RE 수용률 증가 방안
스마트 그리드와 마이크로그리드

⑤ 그린뉴딜 핵심은 해상풍력

　최근에는 해상 풍력 발전이 주목받고 있다. 육상풍력은 자연 훼손 및 민원의 빈발로 인해 한계에 왔다는 지적도 있다. 해상 풍력발전을 추진하는 것은 멋진 일이지만 잊지 말아야 할 것은 서유럽에서는 육상풍력발전에 대해 '차세대 기술을 지금부터 키운다'는 관점에서 기술개발에 몰두하고 있다. 또 비용적으로는 해상 풍차보다 육상 풍차 설치비용이 압도적으로 저렴하다는 사실이다. 전문가들은 육상풍력 개발의 가능성은 아직 풍부하다고 강조한다. 차세대를 위한 꿈의 기술을 지원하는 것은 물론, 현실적인 기술 개발과 시장 개척도 필요하다. 특히 풍차는 농업, 임업과 공존할 수 있다. 풍력발전은 본래 농업이나 임업과도 공존하여 공간을 효율적으로 이용할 수 있는 발전 형태이다. 이는 풍력발전이 갖는 독특한 특징 중 하나이며, 다른 발전 방식과 비교하면 엄청난 장점이다. 풍력발전은 풍속, 즉 바람의 세기와 규모, 즉 풍차의 크기가 크면 클수록 많은 에너지를 생산할 수 있다. 발전 효율을 보면 날개 길이에는 제곱에 비례하며, 풍속은 세제곱에 비례한다. 1980년대 무렵만 해도 제작, 설치되고 있는 풍력발전기는 대략 10~20m 수준의 발전기였다. 이 발전기로 낼 수 있는 전력은 약 75kW라는 상당히 소규모의 발전량이다.

  그러나, 재료공학 기술이 발달하면서, 가벼운 소재, 튼튼하고 안정적인 구조를 통해 발전기의 크기를 점점 키우기 시작했다. 30m 수준의 발전기에서는 같은 시간 기준 4배 가까운 전력인 300kW, 50m에서는 750kW, 100m에서는 3,000kW를 넘어, 150m나 되는 거대한 풍력발전기에서는 10,000kW만큼의 전력을 생산할 수 있다. 현재 250m 수준의 대형 풍력발전기를 통해 발전기 1대당 동일 시간 대비 약 20,000kW의 전력을 뽑아내기 위해 노력하고 있다. 20,000kW라면 대략 20W짜리 형광등 100만 개를 동시에 켤 수 있는 전력이다. 육상풍력은 기술 발전 수준에 따라 얼마든지 발전할 여지가 있다는 점이다.

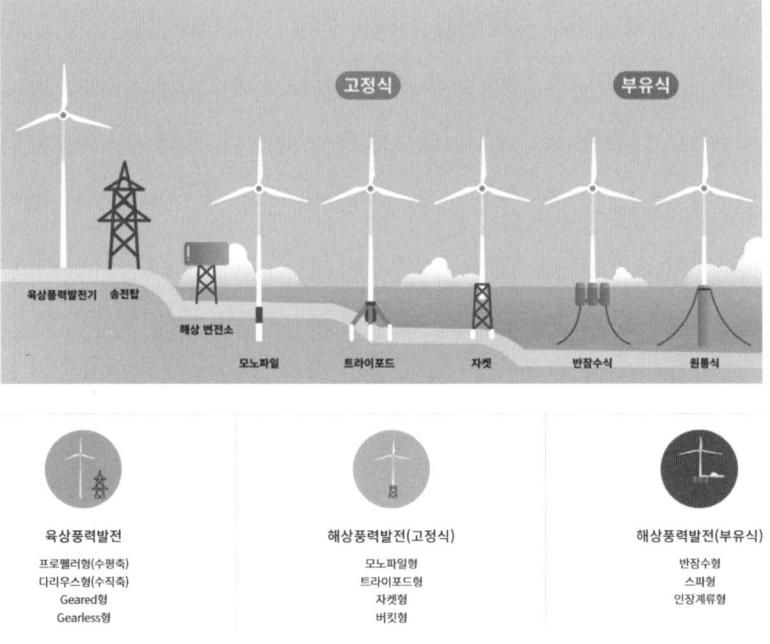

그러나, 현재 한국의 경우 육상풍력 발전 단가가 세계에서 가장 비싼 나라가 되었다.

따라서 해상풍력이 새로운 블루오션으로 떠오르고 있다. 해상풍력은 바다에 풍력 발전기를 설치해 전력을 얻는 방식이다. 육상풍력과 비교해 입지 제약에서 자유로운 점이 가장 큰 장점이다. 발전단지를 구축할 때 가격이 비싼 부지를 매입하지 않아도 된다. 소음이나 전파 방해 등 육상풍력에서 발생할 수 있는 문제를 차단할 수 있다. 또 대형 단지를 건설할 수 있기 때문에 전력을 대량 확보할 수 있다.

해상풍력은 향후 신·재생에너지 산업을 견인하는 중심이 될 것이다. 정부가 발표한 자료에 따르면 2030년 세계 해상풍력 설비는 177GW가 설치될 전망이다. 2019년 29.1GW가 설치된 것과 비교해 연평균 17.8% 성장할 것이다. 해상풍력은 주로 유럽과 중국을 중심으로 구축되고 있다. 해상풍력 설비의 으뜸은 영국으로 9,723MW이다. 우리나라는 124MW에 그쳤다.

이에 따라 정부도 2017년 발표한 해상풍력 발전방안에서 2030년까지 국내에 해상풍력 12GW를 준공하고 세계 5대 해상풍력 강국으로 도약하겠다는 목표를 제시했다. 그간 낮은 주민수용성과 인·허가 지연 등으로 움트지 못했다.

국내 업체들은 이미 풍력타워와 케이블, 풍력터빈, 사업개발자(디벨로퍼·developer) 등 해상풍력 밸류체인 곳곳에서 경쟁력을 키워왔다. 해상풍력 타워 설치와 연관 기술에서 우리나라는 세계 최고 수준에 올라 있다. 해상풍력 터빈을 포함한 발전

시스템 역시 안정적인 국산 기술력을 인정받고 있다.

현재 세계 해상풍력 시장은 유럽과 미국 업체가 주도하고 있다. 국가적으로는 영국·독일·덴마크·벨기에 등 유럽 주요국이 주도하는 가운데 중국도 대규모 해상풍력발전단지를 개발하고 있다. 미국은 2024년부터 대규모 해상풍력발전단지를 구축할 계획이다. 2023년부터 2030년까지 해상풍력 시장에는 큰 장이 설 것이다.

풍력발전 핵심인 터빈 기술력은 미국과 유럽업체가 선도한다. GE(미국), 지멘스(독일), 베스타스(덴마크) 해상풍력 터빈 경쟁에서도 우위에 있다. 해상풍력 디벨로퍼는 규모를 갖춘 공기업이 선전하는 분야이다. 세계 최대 해상풍력 개발업체인 덴마크 오스테드(Orsted)는 물론 독일 이노지(Innogy), 스웨덴 바텐폴(Vattenfall), 스페인 이베르드롤라(Iberdrola) 등 유틸리티 기업이 세계 해상풍력 발전단지 구축에 적극적으로 참여한다.

육상풍력과 해상풍력

해상풍력은 육상풍력 대비 입지 제약에서 자유롭고 대용량이 가능하다는 장점이 있다.

세계 각국은 온실가스 감축, 일자리 창출의 주요 수단으로 해상풍력으로 인식하고 있다. 해상풍력은 육상풍력보다 입지 선정에서 자유롭고, 연관 산업 유발 효과가 크다. 덴마크, 독일, 중국, 영국 등 주요국은 미래 성장동력으로 인식, 실증·시범단지를 건설·운영하여 시장 창출과 경제성 확보하고 있다.

전 세계 해상 풍력발전 설비용량은 2030년까지 120GW 규모로 성장할 전망이다.

해상풍력 설비용량에서 유럽의 비중은 83.9%로, 신·재생에너지의 대다수가 해상풍력이다. 영국이 1위, 독일이 2위이며 이어 덴마크, 네덜란드, 벨기에 순이다. 2017년 기준 해상풍력의 세계적 비중에서 아시아는 15.9%이며, 미국은 0.2%다. 한국의 설비용량은 38MW로 미미하지만, 신·재생에너지 3020정책에 따라 12GW 규모의 해상풍력 건설을 계획하고 있다.

해상풍력 산업에서 선두를 달리고 있는 나라는 덴마크다. 덴마크는 2017년 전력생산량 대비 이산화탄소 배출량을 최저치를 기록했다. 덴마크의 경우 전력원의 40%가 풍력이다.

그러면 우리나라는 얼마만큼 왔을까?

최근 서남해 해상풍력의 실증단지 준공했다. 서남해 해상풍력발전 단계를 살펴보면 서남해 해상풍력 국책 프로젝트 1단계 60MW 실증단계와 2단계 400MW 시범단지 조성, 3단계 2GW 확산단계 나눠 진행된다. 3단계는 확산 단계로 총 10조원으로 구성돼 민간사 투자로 진행된다. 전북 고창군 구시포항에서 약 10Km 떨어져 있는 먼 바다에 건설된 1단계가 3MW 20기, 총 60MW 풍력단지를 조성했다. 순차적으로 시운전을 진행 중이다.

준공 이후에는 이곳에서 매년 155GWh 약 5만 가구가 사용할 수 있는 전력을 생산한다.

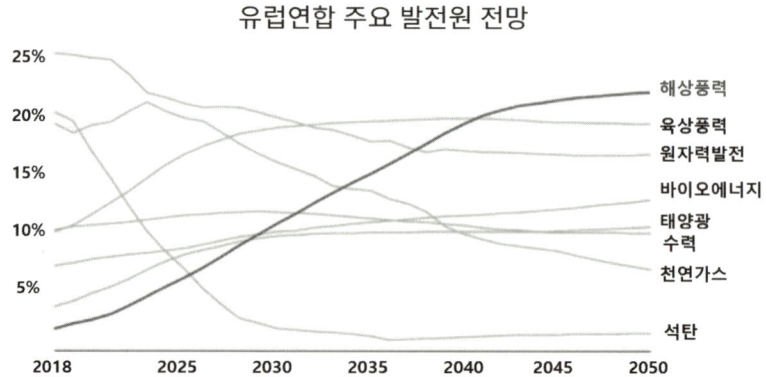

유럽은 해상풍력의 메카

유럽 각국에서는 탄소중립 목표 달성을 위한 신·재생에너지의 발전원 비중 증대가 필수적이다. 즉 해상풍력과 태양광 개발을 가속화하고 있다. 태양광은 이미 정책적 지원을 통해 기술, 인프라 구축이 성숙단계에 들어섰으며 특히 해상풍력은 2050년까지 발전용량 300GW 달성을 목표로 국가간 지역 간 협력 및 그리드망 구축을 확대하고 있다.

유럽 지역에서는 청정수소, 전기차, 5G기술 상용화로 전력소비가 급증하고 있다. 지난 코로나19 사태 속에서도 해상풍력발전은 계획 수립부터 투자결정(FID) 완공까지 안정된 성장세를 유지해왔다. 유럽풍력발전협회(EWEA)는 2020년 유럽 지역에만 9개 해상풍력발전소에 356개 터빈이 설치되어 총 2,918MW 용량이 추가되었다. 국가별 발전용량은 네덜란드(1,493MW), 벨기에(706MW), 영국(483MW), 독일(219MW) 및 포르투갈(17MW) 순이다. 현재 유럽 12개국에 총 116개 해상풍력발전소가 운영 중이다. 전체 해상풍력발전 용량의 79% 북해에 집중되어 있다.

EU집행위는 2020년 11월 'EU해양재생에너지전략'을 발표하고, 2050년까지 전체 발전원 중에서 해상풍력발전의 비율을 30%로 높일 계획이다. EU는 8000억 유로의 투자를 준비 중인데, 이 중 2/3가 전력망 및 관련 인프라 구축에 사용된다. 주요 주안점은 송전망 구축이다. 현재 해상풍력 발전단지 건설 속도를 송전망이 따라잡지 못하고 있다. 특히 역내 국가 간 협력을 바탕으로 해양공간 계획과 국경 간 협력을 토대로 전력망 개발이 이루어질 전망이다.

유럽은 특히 해상에서 직접 청정수소를 생산하는 설비를 구축하고자 관련 기술 개발을 서두르고 있다. 세부 계획을 보면 EU회원국은 2030년까지 유럽 전역에 111GW 해상풍력용량을 설치할 계획이다. 이는 신규 설치 용량을 2026년까지 연간 11GW로 확대해야 한다. 향후 3~5년간 해상풍력산업의 성장은 해양공간 계획과 승인 절차 간소화 등에 의해 좌우될 것이라고 한다.

풍력터빈 제조사로는 지멘스와 베스타스의 터빈이 유럽 전체 해상풍력 터빈의 90% 이상을 차지하고 있다.

최근 터빈 크기가 대형화되고 해안가와 풍력단지의 거리가 멀어지면서 터빈·하부구조물·전력망 등 인프라 건설에 최첨단 기술과 막대한 자본이 필요해지고 있다. 이에 따라 민간기업과 금융 및 연구기관들로 구성된 합작투자도 이루어지고 있다. 유럽 각국 중에서도 덴마크가 가장 적극적이다. 향후 10년 동안 12.4GW 해상풍력발전용량을 늘려 해상풍력 발전용량이 36%까지 증가할 전망이다.

아직 기술상용화나 시장경제성이 확보되지 않은 다른 재생에너지원에 비해, 해상풍력발전은 선제적인 정책지원과 기술개발을 통해 안정적인 성장세를 이어오고 있다. 특히 탄소중립목표 달성에 가장 안성맞춤이다.

결론적으로 EU가 재생에너지를 활용한 청정수소 생산을 강조하면서 해상풍력은 탄소배출량절감을 위한 결정적인 역할을 할 것이라는 분석이 우세하다. 최근에는 터빈의 대형화·먼바다에 풍력단지조성 추세로 대규모 자금조달이 필요해짐에 내륙국가들의 대규모 투자 유치가 중요해지고 있다. 내륙 국가에서는 해상풍력발전으로 생산된 전기를 이용하려면 육상 전력망이 필요하다. 이 때문에 향후 EU의 해상풍력 발전은 국가간 전력망 구축에 초점을 맞춰 전개될 예정이다.

국내 해상풍력 기술 수준

유럽에서 발원한 풍력발전 기술은 세계의 신·재생에너지 산업을 이끌고 있다. 한국은 아직 걸음마 단계라고 평가받는다. 하지만, 기초 기반 기술이 단단한 한국의 경우, 단번에 풍력발전을 발전시킬 수 있는 여력을 갖고 있다는 평을 듣는다.

특히 한국전력의 기술은 세계 톱 수준에 올라 있다.

한국전력은 해상풍력발전사업의 큰 손이 될 것이다. 그간 특수목적법인(SPC)으로 참여하던 것에서 벗어나 대형 해상풍력발전사업에 한해 디벨로퍼로 참여하겠다는 의지를 다지고 있다. 현재 한전 해상풍력사업단은 전남 신안군에 1.5GW, 전북 서남권에 1.2GW 규모 해상풍력단지를 조성할 계획이다.

한전은 해상풍력발전사업에 참여하게 되면 세계 해상풍력 1위 개발업체인 덴마크 오스테드 같은 공기업으로 거듭날 수 있다. 한전은 2007년부터 재생에너지 개발 역량을 쌓아 왔다. 해외에서 민자발전사업자(IPP) 또는 디벨로퍼로 참여하면서 다양한 경험을 얻었다. 요르단 푸제이즈 풍력사업(89.1㎿ 규모)을 지분 100%를 투자해 사업 개발부터 건설, 운영까지 전 과정을 단독으로 추진했다. 한전은 해상풍력 관련 R&D로 기술력도 갖췄다. 기존 90일이 소요되던 해상풍력 발전기 설치기간을 3일로 줄인 해상풍력 일괄설치시스템과 해상풍력 하부기초를 빠르게 설치할 수 있는 석션버켓 기술을 자체 개발했다.

두산중공업은 국내 유일 상업용 해상풍력 발전시스템을 공급한 기업이다. 해상풍력용 대형 발전터빈시스템을 대형화하기 위해 연구개발을 진행하고 있다. 해상풍력은 육상풍력에 비해 거친 바람과 대규모 입지조건 등으로 인해 대형 발전터빈이 필요하다. 2017년 5.5㎿급 풍력발전 기술을 확보한 뒤 약 2년간 연구개발로 5.56㎿ 해상풍력 터빈 상용화에 성공한 바 있다.

두산은 향후 8㎿ 규모 해상풍력 터빈을 개발할 계획이다. 이르면 내년 개발을 완료하고 실증 테스트에 돌입한다. 두산중공업 8MW 규모 해상풍력 터빈의 성공적인 개발 여부는 두산중공업은 물론 국내 해상풍력 산업생태계에도 영향을 미칠 전망이다. 국내 해상풍력 디벨로퍼들은 2024년에서 2026년을 대형 해상풍력 개발단지 완공을 목표로 전기위원회 발전사업 허가를 받은 바 있다. 두산중공업 8MW 터빈이 대형 해상풍력 발전단지에서 '트랙 레코드'를 쌓으면 경쟁력 있는 해상풍력발전 터빈 제조사를 갖추게 된다. 다만 여전히 불안한 기술력은 두산중공업이 개선해야 할 부분이다.

SK E&S는 해상풍력을 선제적으로 개발하고 있는 국내 디벨로퍼다. 대규모 육상풍력발전단지를 개발한 경험을 바탕으로 해상풍력 발전단지 개발도 추진하고 있다. 전남 신안에 대규모 해상풍력발전단지를 구축할 계획이다. SK E&S가 참여하는 신안해상풍력 사업은 세계 최대 규모인 8.2GW 해상풍력단지를 구축한다는 목표다. 국내 민간 디벨로퍼 중에서는 단연 돋보이는 규모다. 정부가 발표한 '해상풍력 발전방안'의 핵심 사업이기도 하다.

SK E&S는 신안그린 육상풍력 단지를 개발해 운영하고 있다. 청산풍력·원동풍력·삼척풍력 등 육상풍력 단지도 개발할 계획이다. 전남 신안 해상풍력발전단지가 성공적으로 구축되면 SK E&S는 해상풍력 분야에서도 '운영실적'을 쌓을 수 있을 것으로 기대된다.

세계 1위 풍력타워 제조업체 '씨에스윈드'

씨에스윈드는 세계 1위 풍력타워 업체다. 베스타스, 지멘스가메사, GE 등 글로벌 터빈 3사를 주요 고객사로 뒀다. 2019년 매출액 7994억원 대비 87%가 이들 3사로부터 발생했다. 이 회사 풍력타워 기본 성능은 높이 80~160m에 달한다. 직경은 4.5m에서 7m다. 씨에스윈드는 세계 풍력 시장과 함께 고도 성장하고 있다. 지난 10년간 풍력발전 시장이 두 배 성장하는 동안 5배 성장한 것으로 추정된다.

씨에스윈드 경쟁력은 규모의 경제와 원가경쟁력을 꼽을 수 있다. 실제 이 회사는 국내 법인이 없다. 풍력타워를 전부 해외에서 생산한다. 2003년 베트남에 첫 법인을 설립했다. 원가 경쟁력 강화를 위해서다. 현재 베트남 외에 중국과 말레이시아, 터키, 대만 등에 주력 공장을 뒀다. 2019년에는 베트남과 말레이시아, 대만에 각각 300억원, 400억원, 300억원 자본투자(CAPEX)를 단행했다. 규모의 경제로 생산 효율성이 크게 높아졌다.

씨에스윈드는 추가 투자도 예정돼 있다. 이르면 다음 달 미국 생산기지 설립 투자를 마무리한다. 앞서 작년 이 회사는 미국에 신규 생산공장 2개 신설 계획을 밝힌 바 있다. 중부에 육상풍력 타워를, 동부에 해상 풍력 타워 기지를 설립하는 것이 골자다. 또 씨에스윈드는 해상풍력에 쓰이는 하부 구조물인 모노파일 생산시설을 유럽에 신설하는 방안을 검토 중이다.

씨에스윈드 실적은 올해 사상 최대를 기록할 전망이다. 회사는 사상 처음으로 목표 매출액을 1조원 넘는 1조 1000억원으로 제시했다. 또 영업이익은 사상 최대인 작년 976억원 대비 10.5% 상승한 1000억원대로 예상했다.

해상풍력은 육지에서 멀리 떨어져 있고 깊은 수심을 관통해야 하는 해저케이블도 중요하다. 해상풍력 발전단지에서 생성되는 대량의 전력을 안정적으로 전송할 수단이 필요하기 때문이다. 수심이 깊은 부유식 해상풍력에서는 케이블이 중요한 부품이고 해안에서 멀어지는 대형발전소일수록 해저케이블 단가와 함께 초고압직류송전(HVDC·기존 교류를 사용하는 그리드와 대조적으로 직류를 대량으로 송전하는 시스템) 등 전력 기술을 활용하는 것이 중요하다. 해상풍력 발전 건설 약 3분의 1을 송전과 전선 분야가 차지한다.

LS전선은 1962년 설립된 제조업체다. 해저 케이블과 초전도 케이블, 초고압 케이블, 통신 케이블 등 일상생활과 산업 전반에 사용되는 케이블 전반을 제조한다. 이중 해저 케이블 분야에서는 세계적인 경쟁력을 갖췄다. 2019년부터 대만, 미국, 네덜란드, 바레인 등에서 총 9000억원대 해저 케이블을 수주했다. 대만에서는 발주된 해상풍력용 1, 2라운드 초고압 해저 케이블을 독점 수주하기도 했다. 국내 해상풍력 발전단지가 본격적으로 건설되면 LS전선 해저케이블 공급이 대폭 확대될 예정이다.

동국S&C는 풍력 타워 제조, 풍력단지 건설 전문업체다. 2001년 풍력 타워 사업에 진출했다. 베스타스와 지멘스, 미쯔

비시, 노르덱스(Nordex) 등 글로벌 풍력 터빈 업체들을 고객사로 확보했다. 동국S&C 주요 생산기지는 포항에 위치한다. 1공장에선 육상풍력 타워와 철 구조물을, 2공장에선 대형 육상풍력 타워 등을 제조한다. 3공장은 풍력 타워 가조립과 야적장 용도로 사용한다. 포항 공장 풍력 타워 연간 생산능력은 총 8만톤이다. 3MW급 육상용 풍력 타워를 주력으로 생산한다. 현재 해상풍력 타워 제조 및 중대형 해상구조물 등 신규 사업 진출을 준비하고 있다. 이를 위해 포항 2공장 설비 구축 등을 검토 중인 것으로 알려졌다. 동국S&C는 향후 풍력 타워와 풍력단지 건설 수혜가 예상된다. 국내에서만 해상풍력과 육상풍력이 2030년까지 각각 12GW, 4.5GW 설치될 것으로 예상된다. 이 회사가 생산기지를 국내에 둔만큼 수주에 유리하다는 평가다.

해상풍력 발전의 장애 요인

국내 풍력발전의 확대가 어려운 가장 큰 이유 중 하나는 바람의 질이 외국, 특히 서유럽에 비해 떨어진다는 점이다. 해상풍력은 초기비용이 많이 들어가기 때문에 대응책으로 나온 방안은 유럽과 같이 대용량 풍력터빈 개발이 주를 이루고 있다. 아울러 지역적 특성에 맞는 터빈 기술 개발이 중요하다. 그 조건들을 살펴보면 대략 다음과 같다.

첫째, 블레이드의 설계 제작 기술이다. 실증단계에서 절실한 기술로는 저풍속에서도 고효율을 낼 수 있는 블레이드 제작 기술이다. 블레이드의 길이를 증가시키는 것이 대용량 풍력터빈 개발의 목적 중 하나이다. 현재 기술은 경량탄소섬유로 제작해 날개 직경을 100m에서 134m로 늘렸으며 대부분 국내 기술력으로 설계·제작·시공이 가능해져 국제경쟁력을 확보했다는 평가다.

둘째, 풍력타워를 지탱하는 지지구조물 개발이다. 지금까지 국내에 적용된 해상풍력 지지구조물은 잭킷(Jacket) 형식으로 강구조물이다. 강구조물의 경우, 풍력터빈의 강한 진동과 무거운 하중 피로도를 견딜 수 있도록 하는 고도의 설계 기법이 필요하다. 바다의 특성상 부식과 변형에 잘 견딜 수 있게 강력 콘크리트 재료를 기초로 하는 지지구조 형상이 필요하다. 우리나라의 서해안에서는 상대적으로 수심이 얕아 콘크리트를 기반으로 한 구조물 형태를 고정식 기술로 설치할 수 있다. 동해안의 경우 수심이 깊어 부유식 기법으로 풍력발전을 지지할 수 있도록 개발하고 있다.

셋째, 태양광보다 풍력 예측이 힘들다는 점에서 백업전원을 개발하는 것이다. 이는 계통안정성에서 반드시 해결해야할 과제이다. 신·재생에너지의 가장 큰 문제점인 간헐성에 대한 계통안정성 문제는 소규모 발전에서 대규모 발전으로 이어질 해상풍력발전에서 반드시 풀어야 할 숙제 중 하나이다. 이밖에 송전 단계에서 손실 전력이 크게 되므로 송전방법에 대해서 해상케이블, 변전소 등의 기술개발이 절실하다.

해상풍력 설치비용 하락

값비싼 초기 건설비에도 해상풍력 시장이 각광받는 이유는 기술 발전으로 사업성이 크게 개선되고 있기 때문이다. 국제재생에너지기구 IRENA에 따르면 2016년 세계 해상풍력 균등화 발전비용 LCOE은 kWh당 0.14달러로 2010년 대비 약 20% 감소했으며, 2023년이면 지금보다 60% 이상 더 하락할 전망이다. 유럽에서는 새로 지은 원전보다 더 저렴한 비용의 해상풍력이 등장했다. 독일과 네덜란드에서는 '보조금 제로' 프로젝트들이 나타났다. 이는 해상풍력이 정부 지원 없이 수익성을 확보할 만큼 경쟁력이 개선되었기 때문이다.

비용하락을 이끈 요인에는 밸류체인의 성숙, 기반 구축 등이다. 무엇보다도 터빈의 대형화와 그에 따른 설비 이용률 capacity factor 향상을 꼽을 수 있다. 유럽에서 새로 건설된 해상풍력 터빈의 평균 용량은 2010년 3MW에서 2017년 6MW로 확대됐다. 현재 상업가동 중인 최대 터빈의 용량은 8MW인데, 조만간 12MW급 초대형 터빈이 속속 등장할 것이다.

이를 테면 미국의 GE에서는 터빈 날개의 회전 반경이 무려 220m에 달하고 수면에서의 높이가 260m에 달하는 12MW급 초대형 터빈 개발을 발표했다. 향후 초대형 터빈들의 설치가 확대되면 설비 용량은 50% 이상으로 높아질 전망이다.

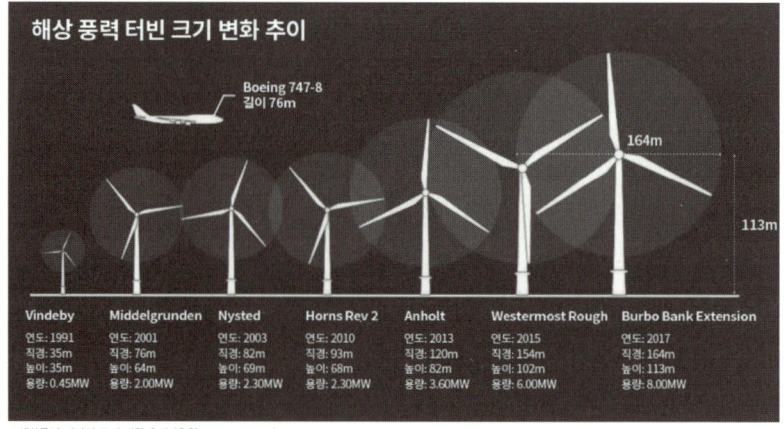

▲해상풍력 터빈의 크기 변화 추이 (출처 : Open Ocean)

　또한 2020년부터는 부유식 해상풍력 개발이 가시화되면서 수심이 깊은 먼 바다에서의 해상풍력 단지 개발에 대한 기대감이 높아지고 있다. 영국 스코틀랜드 해상에서 2017년 가동된 세계 최초 상용 부유식 해상풍력인 Hywind 프로젝트는 최근 건설 사례이다. 최대 수심 129m에 달하며 6MW 터빈 5기로 구성되었다. 가동 이후 3개월 평균 설비 이용률이 65%에 달했다. 이는 미국 화력발전소의 55%보다 훨씬 높은 이용률이다. 향후 수백 MW급 대규모 부유식 단지 개발의 가능성을 열어놓은 좋은 사례에 속한다.

해상풍력용 강재 기술

　해상풍력 타워에서 철강은 핵심 소재이다. 풍력 터빈은 크게 3개 부분, 즉 블레이드, 타워, 너셀(발전기) 등으로 구성되는데, 철강은 블레이드를 제외한 나머지 부분의 주된 소재다. 발전기를 비롯한 내부 시스템에 사용되는 전기강판이나 베어링강 등의 성능은 터빈 효율과 직결된다. 일반 베어링 강재와 비교하여 경화 원자(Si, Mn, Cr)의 함량을 증가시켜 내구성을 극대화한 강재가 소요된다. 장시간 동적 부하에 대한 저항력이 높고 부식 및 손상에 대한 내구성이 높은 소재여야 한다. 해상풍력의 경우 강한 바람과 파도 속에서 수백 톤에 달하는 터빈을 안정적으로 지지하기 위해 해수면 아래에 하부 구조물을 설치해야 한다. 해상에서 20년 이상 변화무쌍한 기상변화를 견디기 위해서는 내식성·내후성이 뛰어난 철강 소재가 구비되어야 한다. 최근 터빈이 점점 더 대형화 되고 있고 수심이 깊어지는 환경에서, 고강도 하부 구조물의 강도는 높이고 무게는 줄여 물류와 설치 효율을 높일 수 있는 강재가 속속 개발되고 있다.

우리나라의 제조 기술은 어떤가. 한국은 대만, 일본 등과 함께 차세대 해상풍력 시장으로 주목받고 있다. 최근 2030년까지 48.7GW의 신·재생에너지를 추가하고 그 중 16.5GW를 풍력으로 충당하는 '재생에너지 3020 이행계획'을 공개하면서 국내에서도 해상풍력 투자가 활기를 띠고 있다. 이 과정에서 지역 어민들과 공존하는 상생 모델이 개발되고, 해상풍력 밸류체인이 구축되는 제도적 개선 노력이 함께 이뤄져야 한다.

부유식 해상풍력발전

부유식 해상풍력발전은 국내 좁은 땅덩어리에서 새로운 돌파구가 될 것이다. 부유식 해상풍력발전은 발전기를 해저 지반에 줄로 고정시켜 수면에 띄우는 형태이다. 이미 신·재생에너지

분야 선진국에서도 경쟁력이 입증된 방식이다.

먼저 울산시는 국가산업단지에 총 1,757억 원을 투입해 부유식 해상풍력 연구단지를 조성 한다. 울산시는 2030년까지 울주군 온산항에서 58㎞ 떨어진 동해가스전에 세계 최대 규모인 총 6기가와트(GW)의 부유식 해상풍력단지를 조성한다.

현재 국내 풍력발전 보급은 정체되어 있다. 국내 풍력발전이 산을 벌목하고 짓는 육상 풍력발전과 해저에 기둥을 박아 짓는 고정식 풍력발전 위주이다 보니 환경 훼손에 대한 우려가 적지 않다. 국내에서 풍력 건설의 인허가 과정은 덴마크(3년), 유럽연합(3년 6개월) 등에 비해 약 2배인 6년 정도가 걸린다. 이 때문에 국내 풍력발전의 현재 누적 보급량은 1.6GW로, 2030년까지 재생에너지 발전 비중 20%를 달성하는 재생에너지 3020 정책 목표량(12GW)의 10%에 불과하다.

해저 지반에 닻과 강력 쇠줄로 연결된 부유체 위에 발전타워를 세우는 부유식은 해양 오염에 대한 우려가 적고, 수심 50m 이상의 먼바다에서도 설치가 가능하다. 해안 경관의 훼손이 없고 현지 주민들의 반발도 크지않다. 발전 효율을 맞추기 위해 연중 평균 초속 8m 이상의 바람이 불어야 하는데, 이런 곳은 대부분 수심 50m 이상의 먼바다에 위치한다. 사실상 우리나라 해상풍력자원의 90%가 수싶이 깊은 먼 바다에 있다. 이는 부유식 해상풍력발전 상용화가 반드시 필요한 이유이다. 울산시가 2030년까지 건설한다는 6GW 규모의 부유식 해상풍력단지는 3020 재생에너지 목표량의 절반에 달한다.

선진국에서도 부유식 해상풍력발전을 개발하려는 움직임이 활발하다. 영국은 세계 최초의 부유식 해상풍력단지를 운영 중이다. 미국도 2025년까지 하와이를 신·재생에너지 100% 사용 지역으로 만들기 위해 부유식 해상풍력단지를 마련할 계획이다.

풍력발전 업계에선 우리나라가 후발주자임에도 부유식 해상풍력발전에서 국제적 경쟁력을 갖췄다고 평가한다. 국내 대형 조선사들이 해외 해양 석유시추 사업을 수주하면서 다양한 기술 및 건조 경험을 축적해왔다. 이런 기술들이 부유식 풍력발전 기술 개발에 즉시 적용 가능하다는 이유에서다. 한국은 부유식 풍력발전을 하기에 기술 및 고급 인력과 같은 인프라를 이미 잘 갖추고 있다. 부유식 해상풍력발전이 다른 방식에 비해 상대적으로 설치비용이 비싸긴 하지만 발전단지 대형화로 이것도 해결할 수 있을 것이다.

▲부유식 해상풍력 hywind 프로젝트 조감도 (출처 : Equinor)

✱ 신·재생에너지 확대에 따른 국가적 편익

2015년 파리 협정(Paris Agreement)이 체결된 이후 우리나라는 2017년 '제8차 전력수급 기본계획'에서 2030년까지 발전량의 20%를 재생에너지로 공급하는 계획을, 2022년 '제3차 에너지기본계획'에서 2040년까지 재생에너지를 35%까지 공급한다는 청사진을 발표했다. 이어 2050년에 재생에너지 비중을 60%로 확대하는 내용(RE 5060)을 골자로 하는 '2050 장기 저탄소 발전전략'을 제안했다. 과연 국내 현실을 무시한 빠른 속도는 아닌지 등 지적이 분출하고 있다. 화석연료 해외 의존도가 95% 정도인 우리나라가 재생에너지 확대정책을 현재보다 더 적극적으로 추진해야 하는 필요성과 풍력발전을 더욱 개발해야 할 이유는 다양하다.

세계 에너지 의회(World energy council)에서 2016년 발간한 보고서에 따르면, 우리나라의 최대 부하는 77GW(세계 9위)이고, 발전량은 522TWh(세계 9위)이다. 하지만, RE 생산량은 16TWh(세계 21위)이며 발전량의 3%(세계 29위)에 위치한다. 이는 한국은 전기에너지 생산 과정에서 발생하는 온실가스의 3%만을 감축했고 전기에너지를 생산하는데 필요한 연료 비용의 3%만을 절감했음을 의미한다.

VRE(가변재생에너지, Variable renewable energy : 풍력, 태양광 등 변동성 RE) 생산량은 5TWh이며 발전량의 1%에 머물러 세계 평균치인 4.5%보다 현저하게 낮다. 한국은 RE와 VRE의 비중은 매우 적다. 따라서 전기에너지를 생산하는데 필

Rank	Country	Peak (GW)	RE (GW)	(GW)	Wind (GW)	Total Gen (TWh)	RE Gen (TWh)	Gen (TWh)	Wind Gen (TWh)	RE/Total (%)	(%)
1	*	830	520 (1)	188 (1)	145 (1)	5,811 (1)	1,403 (1)	224 (27)	185 (2)	24.14 (15)	3.90 (14)
2		723	219 (2)	98 (2)	73 (2)	4,303 (2)	571 (2)	232 (1)	193 (1)	13.27 (23)	5.40 (11)
3		159	90 (5)	36 (4)	3 (13)	1,036 (5)	161 (7)	36 (8)	5 (16)	15.54 (19)	3.50 (17)
4		155	52 (9)	1 (24)	1 (32)	1,063 (4)	171 (6)	0 (32)	0 (32)	16.09 (17)	0.00 (32)
5		148	82 (6)	30 (5)	25 (4)	1,305 (3)	193 (5)	48 (5)	41 (5)	14.79 (21)	3.70 (16)
6		85	114 (3)	9 (10)	9 (9)	580 (7)	433 (3)	22 (10)	22 (7)	74.66 (3)	3.70 (15)
7		83	105 (4)	85 (3)	45 (3)	647 (61)	196 (4)	126 (3)	88 (3)	30.29 (11)	19.50 (5)
8		83	44 (10)	17 (9)	10 (7)	569 (8)	89 (10)	28 (9)	20 (8)	15.64 (18)	4.80 (13)
9		77	13 (13)	4 (15)	1 (17)	522 (9)	16 (21)	5 (17)	2 (20)	3.07 (29)	1.00 (22)
10		59	55 (7)	28 (6)	9 (8)	282 (12)	109 (8)	40 (7)	15 (9)	38.65 (3)	14.20 (7)
World Total			1,985	643	431	24,098	5,559	1,094	841	23.1	4.5

출처 = 전기저널

요한 연료를 다른 나라에 비교해 많이 사용하고 온실가스를 많이 발생시키는 나라이다.

전 세계는 2050년 전기에너지를 생산하는데 발생하는 온실가스를 15%로 감축시키며, 연료 비용도 15%로 절감한다는 계획이다. 또한 최종 에너지에서 전기에너지가 차지하는 비중을 살펴보면 2015년 현재 평균 약 20%이지만, 2050년에는 평균 44%에 이르러 전기에너지에 대한 수요가 2015년에 비해 2.2배 정도 증가할 것으로 예상한다.

특히 온실가스의 또 하나의 주범인 화석연료를 사용하는 자동차의 많은 부분이 전기자동차로 대체돼 자동차용 화석연료의 상당 부분이 RE로 대체되고 온실가스 또한 더욱 절감됨을 의미한다.

RE를 확대하면 할수록 전기에너지를 생산할 때 발생하는 온실가스를 감축할 수 있을 뿐만 아니라 발전에 필요한 연료비용

또한 절감할 수 있다. 2016 에너지통계연보'에 따르면 5년 동안 연료 수입비용은 연평균 약 144조 원이었고 이 중 전기에너지 생산에 필요한 연료 수입비용은 연평균 약 50조 원이었다. 2015년 우리나라의 RE 비중이 3%이므로 온실가스는 3% 감소하였으며 절감된 연료 수입비용은 약 1조 5,000억 원이었다.

RE 3020 이행 계획이 성공적으로 수행된다면 발전에 따른 온실가스가 20%가 감소할 뿐만 아니라 2030년 이후에는 매년 약 10조 원의 연료 수입비용이 절감된다. 이는 전체 수출액의 약 10%가 순이익이라고 가정한다면 매년 100조 원의 수출 효과가 있다는 의미다. 만일 2050년에 국내의 RE의 비중이 100%라고 가정한다면 매년 500조 원의 수출 효과를 볼 수 있다는 말과 같다.

RE의 비중을 높이는 것이야말로 온실가스 감축 목표 달성에 필요한 조치일 뿐만 아니라 큰 폭의 경상수지 흑자효과를 기대할 수 있다. 더욱이 RE의 비중 확대는 즉시 연료 비용 절감으로 이어지므로 RE 확대정책은 신속하면 신속할수록 그 효과는 바로 나타난다. 따라서 현재의 RE 3020 계획, RE 4035 계획, RE 5060 계획을 적어도 세계 평균 수준(2050년 85%)까지는 확대할 수 있도록 상향 조정해야 한다.

에너지 전환 시대와 풍력발전

과연 좁은 국토를 가진 우리나라에서 어떤 신재생발전원이 에너지 대전환 시대를 이끄는 원동력이 될 수 있는가. 태양광은 최대부하 시 기여도가 높아 전력망 운영에 유리한 점이 있지만 일몰 이후에는 전기에너지를 생산할 수 없는 치명적인 단점이다. 또한 태양광 발전소를 설치하는데 풍력발전소에 비교해 넓은 면적이 요구되어 좁은 국토 면적으로 볼 때 한계가 있다.

한편, 육상풍력은 밤에도 바람이 불어 발전원으로 기능할 수 있지만 산지가 많고 인구밀도가 높은 우리나라에서는 대용량의 육상 풍력발전소를 건설하기 어렵다. 따라서 초기 건설비와 유지비 다소 많이 들지만 바람의 양이 육지보다 많고 대민 수용성에서 상대적으로 유리한 해상풍력이 현실적인 대안으로 대두된다.

우리나라와 인구와 전력망의 크기가 비슷한 영국이 해상풍력에 매진하는 이유도 이것이다.

해상풍력으로만 RE포트폴리오를 구성할 수는 없다. 따라서 각 RE발전원의 장점을 살려 전체 RE의 비중을 높여야 한다.

다음은 해상풍력에 대한 몇 가지 의문점에 대해 설명할 것이다.

첫째, 우리나라는 풍속이 낮아 풍력발전을 하는 데 적합하지 않다는 것이다. 풍속의 등급은 평균 풍속에 따라 1등급(10m/s), 2등급(8.5m/s), 3등급(7.5m/s)으로 구분한다. 육상의 경우 제주도는 2등급에 해당하지만 육지는 3등급 이하이다.

중국의 사례를 보자. 풍력발전기 설치용량은 145GW(세계 1위)로 세계 설치용량(431GW)의 33%에 이른다. 중국에는 풍속이 높은 지역도 있지만, 풍속이 3등급인 지역도 많다. 3등급인 지역에 설치되는 풍력발전기가 50% 이상이다. 인도의 풍력발전기의 설치용량은 25GW로 세계 4위인데도 풍속이 우리나라보다 낮다. 전 세계를 보더라도 상당히 많은 양의 풍력발전기가 풍속이 3등급인 지역에 설치돼 있으며, 이러한 추세는 더욱 확산할 것이다.

그렇다면, 풍속이 낮은 지역에 설치된 풍력발전기의 발전량이 적을까? 그렇지 않다. 풍력발전기의 출력은 풍속의 3제곱에 비례하고 블레이드 길이의 제곱에 비례한다. 풍속이 높은 지역에 설치된 풍력발전기는 블레이드 길이가 짧음에도 높은 출력을 낼 수 있다. 따라서 풍속이 낮은 지역에서도 블레이드 길이를 증가시키면 풍속이 높은 지역과 같이 높은 출력을 얻을 수 있다. 저풍속용 풍력발전기를 개발하면 해결되는 문제이다.

세계 주요 풍력발전기 제조업체는 이미 2010년대 초반부터 저풍속용 풍력발전기를 개발·보급해오고 있다. 물론 블레이드의 길이가 길어지면 설치 비용이 높아질 것이라고 예상할 수 있는데, 그 비용 상승분은 그리 큰 비용이 아니다.

RE의 비중이 작았던 20세기에는 풍속이 높은 지역(덴마크, 독일 북부, 영국)에 주로 풍력발전기가 설치됐는데, 요즘에는 발전량이 많은 나라에 오히려 풍력발전이 확대되고 있음을 간과해서는 안 된다.

둘째, 우리나라는 풍황이 좋지 않다는 지적에 대한 반론이다.

우리나라는 에너지 전환을 달성할 만큼 바람 자원 자체가 부족하다고 알려져 있지만, 이는 합리적이지 않다. 경제성 있는 기술적 잠재량에서 우리나라는 아직 개발 여지가 충분하다고 말할 수 있다. 육상은 97.4TWh, 해상은 97TWh로서 모두 194.4TWh가 된다. 이는 제8차 전력수급계획에서 예상한 2030년 계획 발전량(580TWh)의 33.5%에 해당하는 막대한 양이다. 즉 풍력발전기를 기술적 잠재량에 해당하는 지역에 모두 설치한다면 풍력발전으로만 2030년 발전량의 33.5%까지 공급할 수 있다는 뜻이다. 만약 육상과 해상의 지리적 잠재량을 합하면 874.6TWh가 돼 2030년 발전량의 1.5배까지 공급할 수 있다. 우리나라도 에너지 대전환 정책을 달성해 2050년 발전량이 1,000TWh까지 증가한다고 가정하면, 풍력으로만 발전량의 약 88%까지 공급할 수 있다는 말이 된다. 그러므로 어디까지나 기술개발 여부에 달려있다고 볼 수 있다. 우리나라는 바람 자원이 부족하다는 말은 결코 합리적이지 않다. 해상풍력

구분	육상				해상			
	잠재량 (천 toe)	발전량 (GWh)	설비용량 (GW)	면적 (km²)	잠재량 (천 toe)	발전량 (GWh)	설비용량 (GW)	면적 (km²)
이론적 잠재량	62,421	725,955	487.4	97,478	106,850	1,242,666	423.0	84,599
지리적 잠재량	17,784	206,833	118.0	23,605	57,417	667,758	215.9	43,178
기술적 잠재량	8,377	97,423	63.5	12,697	8,343	97,025	33.2	6,649

구분	육상	해상
이론적 잠재량	육상(영토) 전면적에 풍력발전기를 5MW/km² 의 용량밀도로 설치한 경우 (이론적으로 태양에너지 잠재량의 2% 수준)	해상(영해) 전면적에 풍력발전기를 5MW/km² 의 용량밀도로 설치한 경우 (이론적으로 태양에너지 잠재량의 2% 수준)
지리적 잠재량	영토 중 도시, 하천, 도로, 급경사지 등 지리적인 제약조건으로 개발이 부적합 면적을 제외한 경우 (전 영토의 24% 가용)	영해 중 수심 200m인 영역 중 항로, 항만, 해저구조물, 어장, 어초 등 지리적인 제약조건으로 개발이 부적합 면적을 제외한 경우 (전 영토의 51% 가용)
기술적 잠재량	환경보전 지역을 추가로 제외하고 현재의 기술수준으로 경제성 확보가 가능한 풍력밀도 250W/m² 이상인 면적만 개발한 경우 (전 영토의 13% 적용)	환경보전 지역을 추가로 제외하고 현재의 기술수준으로 경제성 확보가 가능한 풍력밀도 300W/m² 이상인 면적만 개발한 경우 (전 영토의 8% 적용)

출처 = 전기저널

의 지리적 잠재량만도 667.8TWh이다. 이는 기술만 진전되면 개발할 수 있는 전력량이다. 해상풍력으로만 2050년 소요 발전량의 67%까지 공급할 수 있는 막대한 규모의 자원이 바로 바람인 것이다.

셋째, 풍력발전은 순간적인 출력 변동성이 커서 부적합하다지만, 이것 역시 기술로 커버할 수 있다. 풍속의 순간적인 변동으로 인해 발전 출력의 순간적인 변동성이 커지면서 계통의 안정성에 해친다는 것이 출력변동성이다. 하지만, 풍력발전기의 블레이드와 축을 비롯한 회전체는 상당히 무거워서 잦은 진동 등은 흡수할 수 있다. 무거운 풍력발전기의 회전체 축은 풍속의 짧은 변동성을 흡수하기 때문에 순간적인 전압 변동으로는 직접 이어지지 않는다. 특히 풍력발전기 출력 변동이 심하다 하더라도 다수의 풍력발전 출력이 합쳐지면, 변동성이 완화된다. 바로 평활효과(Smoothing effect)이다. 풍력발전 단지에서 나오는 전력량이 증가함에 따라 발전량의 변동성이 줄어드는 현상이다. 이를 테면 풍력발전기 몇 대의 출력은 변동이 심하지만 수십대, 수백대의 풍력발전 출력은 변동성이 완화되어 변동이 심하지 않은 것과 같은 이치이다. 풍력발전기가 많아질수록 출력의 변동성도 완화된다. 물론 설치비용을 고려해 합리적인 선에서 설치해야 할 것이다.

넷째, 여유전력에 대한 설명이다. 간헐적인 풍력발전 출력에는 반드시 여유전력이 필요하다는 전문가들의 지적이 많다. 이론적으로 맞는 지적이다. 변덕스러운 풍량 때문에 전압의 변동성으로 계통 연계에 비합리적이며, 이를 방지하기 위해 백업발전기를 설치하고 이는 건설 비용 상승으로 이어진다는 점이다. 이 문제 역시 평활효과로 어느 정도 상쇄할 수 있다. 전력망에 연계된 풍력발전 전체 출력의 총합은 평활효과로 인해 간헐성이 거의 나타나지 않는다. 한 지역의 풍력발전 출력만 놓고보면 간헐성이 보이고 변동성도 크다. 하지만, 풍력발전단지 전체의 출력은 그리 변동성을 보이지 않아 전력계통에 큰 영향을 미치지 않는다. 풍력발전의 간헐성 문제는 개별 풍력단지의 차원에서 검토할 수없다. 전체 전력망의 출력 차원에서 검토돼야 한다. 대규모 풍력단지일수록 평활효과는 커진다는 점에 착안할 필요가 있다.

아울러 ESS 설치 여부에 관한 것이다. 순간적인 변동성을 완화하기 위해 풍력발전단지 내에 반드시 ESS를 설치해야 한다는 주장도 타당하지 않다. 순간적이고 지속적인 부하 변동에 의한 주파수 변동폭을 좁은 범위 내로 유지해야 하는데 이러한 능력을 전력망 유연성(Power grid flexibility)이라 한다. 풍력발전기는 회전자 속도의 운전범위가 넓어 풍력발전기의 회전체에 에너지를 흡수하거나 저장할 수 있다. 특히 대규모 풍력발전 단지의 경우, 회전체의 용량이 확대된다. 이 때문에 주파수 제어능력이 향상되어 전력망 유연성을 확보할 수 있다.

장소나 현지 여건에 따라 ESS를 사용해 전력망의 유연성을 확보할 수도 있지만, 반드시 ESS가 필요한 것은 아니다. 풍력단지 내에 ESS를 설치하여 풍력발전 출력의 변동성을 억제하는 것은 막대한 비용이 들기 때문이다.

풍력발전에 축전지가 필요하다는 주장도 있으나, 풍력발전의 변동성에 대비해 축전지를 설치하는 방법은 유럽에서는 거의 하지 않는다. 이유는 간단하다. 축전지의 비용이 너무 비싸기 때문이다. 앞에서 설명한 평활효과에 의해 전력계통이라는 거대한 풀을 통해 변동성을 완화할 수 있다. 설치 시에 일부러 변동성 요인을 제거하려는 것은 기술적으로나 경제적으로나 합리적이지 않다. 물론, 하와이나 그리스 크레타 섬 등 규모가 작은 고립적 전력계통에서는 축전지를 도입하는 것이 더 효과적일 수 있다. 유럽에서는 계통 운용에서 축전지를 전혀 도입하지 않는다. 오히려 풍력발전의 변동성을 직접 계통에 흘려 보내는 방법이 주류가 되고 있다. 전술한 바와 같이 유럽이나 미국에서는 소규모 낙도나 고립 계통을 제외하고 풍력발전의 변동을 억제하기 위한 전용 에너지 저장 장치는 거의 도입되지 않고 있다.

다섯째, 전력망 관성에 관한 지적이다. 풍력발전이 계통에 연결되는 비율이 높아지면 전력망의 관성이 작아져 전력망의 안정도가 저하된다는 주장이다. 발전기 탈락 시 동기발전기의 회전체에 저장된 운동에너지가 순간적으로 방출되는데 바로 동기발전기의 관성응답(Inertia response)이다. 그런데 풍력발전기는 백투백 컨버터로 인하여 관성응답은 의미없다고 할 수 있다. 동기발전기의 관성응답은 자연적으로 방출하기 때문에 제어할 수 없지만, 풍력발전기의 합성 관성은 제어할 수 있다.

저비용의 RE 수용률 증가 방안

첫째, 해상풍력용 ESS설치 구상이다. 해상풍력은 바다에 건설하기 때문에 육상풍력에 비해 초기 건설비가 거의 두 배에 이른다. 육상의 변전소까지 송배전망을 건설하려는 비용도 막대하다. 건설비도 많이 들지만, 해저케이블 등 송전설비도 만만찮다. 따라서 해상풍력발전기에 전력을 생산하면 곧바로 수전해 방식 등으로 수소 ESS를 통해 모아뒀다가 한꺼번에 육상 전기전환 장치나 수소에너지 수용자에게 공급하는 시스템 구축은 하나의 대안이 될 수 있다.

또한 해상풍력단지의 건설 비용을 최소화하기 위해 개별 풍력발전기에서 발전한 전기를 해상변전소에 모은 후 육상 변전소에 공동망으로 연계하는 방식이 있다. 해상풍력단지를 통합하여 육상변전소까지 연계하는 해상 공용망을 건설한다면 비용 절감 및 난개발도 방지할 수 있다.

둘째, 예비전력의 정산이다. 전력 생산을 신뢰성 있게 운영하기 위해서는 발전사업자들에게 안정성을 부여해야 한다. 돌발 상황에 대비해 항상 예비력이 필요한 것은 상식이다. 발전 사업자들이 예비전력을 보유하고 있다가 제공하는 서비스다. 예비력을 보유하기 위해서는 기회비용이 발생하므로 이에 따른 비용을 정산해주는 것이다. 아직 국내의 예비전력 정산비용은 발전량 정산비용의 0.1%도 되지 않는다.

이미 2017년부터 미국에서는 예비전력의 평균 가격을 정상 공급전력의 42.5% 수준에서 정산해주고 있다. 따라서 예비전력 비용을 현실화해 RE 발전원을 포함한 발전원들이 자발적이고 적극적으로 보조서비스를 제공할 수 있도록 서비스 해야한다. 전력망을 신뢰성있게 운영할 수 있는 적극적인 방안이다.

셋째, 지역 주민에게 RE발전 수익을 분배해야 한다는 것을 법률로 정할 필요가 있다. RE 발전원은 화력발전원과는 달리 실외에 설치돼 지역적 경관을 해칠 뿐만 아니라 지역 주민에게 적지 않은 피해를 줄 수 있다. 따라서 RE 수익을 지역 주민과 공유하면 주민 반대를 사전에 해소할 있다. 아울러 RE 수용률을 극대화하는 촉진제 역할을 할 수 있다. 서유럽 각국에선 RE 발전 수익의 일정 부분을 주민과 나눔으로써 적극적으로 주민 참여를 유도하고 있다.

변동성 예측 기술

사전에 변동성을 예측해 설치비용을 절감한다면 풍력발전 확대에 큰 동력을 제공할 수 있다. 이에 대한 아이디어 몇 가지를 제시해본다.

첫째, 전력계통 운용자가 모든 풍력타워에 관한 정보를 실시간으로 파악할 수 있는 것.

둘째, 전력계통의 운용자가 풍력 발전의 출력 예측을 실시해 계통 운용 프로그램에 연동시키고 있을 것.

셋째, 전력계통의 운용자가 풍력발전소를 제어하는 수단과 권한을 가질 것.

이런 조건들은 매우 중요하다. 특히 최근 인공지능 기술이 발달하면서 실시간으로 계통운영자가 감시할 수단들이 적지 않다. 두번째에 제시한 계통 운용과의 조합도 중요하다. 이것이 없다면 모처럼 예측한 의미가 없다고 해도 과언이 아니다. 예측 오차를 줄인다는 것은 예비전력을 줄이는 것이며, 이는 과도한 초기 설치비용을 줄이는 길이다. 당연히 계통 운용자에게 경영적으로도 실익을 가져다 줄 것이다. 이러한 편익은 선순환하면서 전력 소비자나 국민 전체의 전기세 부담을 줄일 수 있다. 신·재생에너지 선진국 유럽에서는 가능한 한 많은 전력을 팔고 싶은 발전사업자와 안정공급에 책임을 지고 계통 운용자 쌍방의 장점을 합치시키는 방향으로 법제화를 서두르고 있거나, 이미 설치한 국가도 있다. 유럽 전력시장은 좋은 사례이다.

풍력발전량의 예측을 실공급 3시간 전까지 수용함으로써 공급예비력 수요를 줄일 수 있다. 이를 통해 연간 평균 2억 6000만유로(약 3400억원)의 전력계통 비용을 절감하고 있다. 이런 비용 절감은 주로 예비전력 절감에 따른 연료비 감축과 송전선

증강 비용의 절감을 통해 도출된다. 이상과 같이 유럽에서는 풍력발전 예측 기술이 매우 중요한 것으로 인식되고 있으며, 대부분의 계통운용자가 적극적으로 도입하고 있다. 예측 기술은 이제 비즈니스로서 확고한 시장으로 구축되고 있다.

유럽 각국의 경험으로 미뤄볼 때, 풍력발전의 변동성은 대략 예측할 수 있고 계통 운용에 편입할 수 있다. 가능하다면 우리나라에서도 유럽의 풍력발전의 예측 기술을 활용할 수 있도록 적극 도입해야 한다.

AI를 이용한 발전량 예측

풍력 태양광 등의 재생에너지는 기상변화로 발전량이 일정하지 않다. 여타 발전원에 비해 정확하게 예측하고 발전계획을 세우기 어렵다는 단점이 있다. 최근 인공지능(AI)의 진보와 함께 개발된 예측 기술은 기상변화에 따른 재생에너지 발전소의 발전 특성을 학습하여 짧게는 한 시간 뒤, 길게는 일주일 동안의 발전량을 예측하는 기법이 AI응용 기법이다.

우선 과거 기상예측 기술을 활용하는 기술이다. 이전 기상관측 데이터와 과거의 발전 실적 데이터를 알고리즘으로 학습하고, 이를 기반으로 기상 예보 데이터를 입력해 재생에너지 발전량을 예측하는 기술이다. 여기에는 기상청 수치예보 모델과 위성영상 기반 구름 이동 분석 기술 등을 활용해, 전국 기상관측과 예측 예보를 2km 격자 단위로 수집한 데이터가 기반이 되었다. 이를 위해 한국전력 등은 2021년 3월 알고리즘 개발

후 현재까지 약 3GW의 실증 사이트를 대상으로 알고리즘을 수정, 보완하면서 기술을 고도화하고 있다. 발전량 예측을 위해서는 먼저 예측 대상 시점에 원하는 위치에서의 기상을 예측해야 한다. 한전 등이 수집한 주요 데이터는 천일일사, 수평면 산란일사, 법선면 직달일사, 외기온도, 운량, 태양 방위각과 고도각 등이다. 이렇게 수집된 데이터를 동 시간대 발전실적 데이터와 비교 분석하고 적용하여 예측 알고리즘을 고도화하는 방식이다. 현재까지 95% 이상의 정확도를 보이고 있다니 상당히 효율적일 수 있다.

필자가 여러 방면에서 조사한 바에 따르면 한국전력 개발팀에서 AI활용과 관련해 가장 중점을 둔 분야는 시스템 안전성이다.

한편, '전력거래소 재생에너지 발전량 예측제도'는 20MW 이상의 태양광 및 풍력발전 사업자 등이 재생에너지 발전량을 하루 전에 예측하여 제출하고, 당일에 일정 오차율 이내로 발전하면 보상금을 정산 지급하는 제도'를 운영하고 있다. 당일 10시와 17시 이전에 다음 날 24시간 동안의 발전량을 예측하여, 예측오차가 6% 이하일 경우는 4원/kWh, 6~8% 이하는 3원/kWh의 보상금이 지급된다. 특히 풍력발전량 예측 모델이 후속으로 출시될 예정이다. 태양광 발전 예측에 비해 풍력발전의 조건들은 조금 더 복잡하다. AI 기술이 올해들어 실생활 곳곳에 파고들어 위력을 발휘하고 있다. 전력계통에 특히 활용할 여지가 상당하다.

블랫아웃 발생의 이유

지난 2021년 2월 미국 텍사스주를 덮친 기록적 한파로 주 수도 오스틴의 삼성전자반도체 공장이 가동 중단 사태에 직면한 적이 있었다. 혹한과 폭설로 일부 발전소가 멈추면서 4만 5000㎿ 용량의 전력 공급이 끊긴 탓이다. 당시 다수 공장이 멈추고 380만 가구가 촛불로 밤을 밝히는 사태가 벌어진 것은 충격적이다. 한파가 원인이었지만 급격하게 재생에너지 비중을 높인 주(州)정부에 대한 책임론도 불거졌다. 텍사스주 정부는 원전 2기 추가 건설 계획을 철회하고 풍력과 천연가스 발전을 늘렸다. 발전원(源)별 비중이 천연가스 52%, 재생에너지 23%, 석탄 17%, 원전 8% 등이 됐다.

풍력발전에 대한 논란은 끊긴 전력 중 풍력이 33%에 달했기 때문에 더욱 불거졌다. 강추위로 블레이드와 연결된 터빈이 얼어붙었기 때문이다. 앞서 텍사스주 정부는 최근 10년 새 풍력을 3배 가까이 늘렸다. 당시 미국 언론들은 풍력 태양광 등은 안정적으로 전력을 공급할 수 없어 의존도가 커질수록 전력망 신뢰도는 떨어진다. 지적했다.

우리나라의 경우를 보자 총 사업비 48조5000억원을 들여 세계 최대 해상풍력단지를 건설하고 있는 신안 앞바다의 경우 풍속과 바람의 지속성 면에서 유럽의 해상풍력단지가 몰려 있는 북해보다 입지면에서 유리하다고 보기 힘들다. 만약 예상치 못한 한파가 몰아닥치면 해상풍력기 전체가 가동 불가 상태가 될 수도 있다. 텍사스의 블랙아웃 사태는 3개 원전이 100% 출력을 유지하고 있기 때문에 크게 번지지 않았다.

 2021년 6월에는 한국전력거래소 자체 조사결과가 충격을 미쳤다. 제주도가 신·재생에너지 생산 과잉으로 2034년부터는 대부분 송전망 시설에서 과부하가 발생해 '블랙아웃'이 빚어진다는 조사 결과였다. 한국전력거래소의 조사에서 2034년 제주는 신·재생에너지 생산 과잉으로 평시에는 8곳, 일부 설비 고장시에는 13곳의 송전망에서 과부하가 발생하는 것으로 조사됐다. 제주는 현재 변전소 13개(변환소 포함), 송전선로 26개 등의 송전망을 보유하고 있다. 이런 실태는 일부 설비에서 고장이 발생하면 제주 송전망 전체가 과부하 상태에 빠질 수 있다. 전력거래소는 2028년에 이미 신·재생에너지 생산이 수요를 넘어 정상 운영시에도 4개 송전망 시설에서 상시 과부하가 발생할 것으로 추산했다.

 전력거래소는 제주의 신·재생에너지 발전량이 2028년 3147메가와트(MW)에서 2034년 4135MW로 약 1.5배 증가한다고 전망했다. 현재 제주 지역 전력망에서 신·재생에너지 최대 수용 용량은 572MW이다. 2034년 신·재생에너지 최대 수용량의 7배에 달하는 전기가 생산되는 셈이다. 전기생산이 부족하면 블랙아웃이 발생하지만, 송배전망에 과부하가 걸려도 블랙아웃 발생 위험도 덩달아 커질 수 밖에 없다. 제주는 송전망을 대대적으로 확충하고 남아도는 전력에 대한 활용방안을 고심해야 하는 상황이다. 그렇지 않으면 제주는 2038년부터 상시적인 블랙아웃 발생 위협에 시달리거나, 다수의 신·재생에너지 발전소를 가동하지 못하게 된다.

이미 제주는 신·재생에너지 전력생산이 포화 상태이기에, 전력상황에 따라서는 일부 발전 가동을 중단하고 있다. 지난해 제주는 풍력발전을 총 77회 중단했으며 올해는 4월 말까지 51회 중단했다. 한국에너지기술평가원은 제주의 풍력발전 중단 횟수가 올해 201회, 내년 240회에 이를 것으로 전망했다.

제주의 경우 봄과 가을에 북서풍이 세게 불어 풍력 발전소의 전력 생산이 급증한다. 전력 수요가 많은 여름의 경우 태풍이 불지 않으면 오히려 전력 생산이 크게 줄어든다. 남아도는 전기로 수소를 생산해 저장해두는 방안이 있는데 이런 시설을 대규모로 설치하는 것 또한 자연훼손으로 이어지기 때문에 친환경이라는 취지에 맞지 않는다는 지적이다. 따라서 블랙아웃을 예방하기 위해 사전에 철저한 대비가 필요하다는 점이다. 이런 방안들 가운데, 스마그리드 방안이 유력하게 부상하고 있다.

스마트 그리드와 마이크로그리드

기존 전력망은 공급자 중심의 중앙집중 체계로 운영되는 한 방향적 특성을 갖고 있다. 전력에 대한 정보를 공급자가 독점하고 있어 전력생산과 활용이 비효율적이라는 문제가 있었다.

이를 테면 기존 전력망은 축적된 시간별, 계절별의 전력 수요량을 예측하여 전력을 생산한다. 하지만, 예상보다 전력 사용량이 많아지거나 급격한 기상 악화 내지, 사고로 송전망이 파

기존 전력망	스마트그리드
아날로그 / 전기기계적	디지털 / 지능형
중앙 집중 체계	분산 체계
방사상 구조	네트워크 구조
수동 복구	자동 복구
고정 요금	실시간 요금
단방향 정보흐름	양방향 정보교류
소비자 선택권 없음	다양한 소비자 선택권

괴되어 블랙아웃 발생에 대비해 일반적으로 15% 정도를 예비전력으로 추가 생산하고 있다. 그런데 전력 사용량이 예측한 수요를 넘지 않는 경우, 남은 예비용 전력이 그대로 버려져 에너지 낭비를 초래할 수 밖에 없다.

반면 스마트그리드는 전력 공급자와 수요자가 정보를 실시간으로 교류하여 기존 전력망이 가진 문제점의 해결책을 제시하는 것이다. 이는 수요자가 전력이 저렴한 시간에 전력 사용량과 소비 시간을 스스로 조절하여 사용할 수 있도록 하는 것이다. 일시 전력 부하가 걸리는 것을 방지하고, 공급자가 전력 생산을 탄력적으로 조절하여 과도한 발전을 줄일 수 있다.

이를 위해 사물인터넷(IoT, Internet of Things)의 일종인 스마트미터(Smart Meter)가 활용된다. 스마트미터는 에너지 사용량을 실시간 측정·관리하는 전자식 계량기로 전력수급을 지원한다. 실시간으로 전력사용량을 점검해 전력이 필요한 곳과 남는 곳을 알려주는 시스템이다. 스마트그리드 실현에서도

ESS 역시 빼놓을 수 없는 기술이다. 남는 전기를 ESS에 저장하고 이를 통해 수요와 공급을 조절해 버려지는 에너지를 최소화하는 장치이다.

스마트그리드를 축소한 마이크로그리드(Microgrid) 기술도 최근 부상하는 기술이다. 마이크로그리드는 발전원과 수요자의 거리가 가까워 별도의 송전설비가 필요하지 않다. 이 때문에 초기 구축 기간이 짧고 비용도 저렴하여 스마트그리드 도입의 문턱을 낮출 수 있다. 국내에서는 주로 육지에서 생산한 에너지를 전달할 수 없는 도서지역에 적용되고 있다. 마이크로그리드가 점차 확대되어 기존 전력 계통에 연결되면, 거대한 스마트그리드를 이뤄내 전국으로 연결될 수 있다. 우리나라는 현재 2009년 한국스마트그리드사업단이 공식 출범하여 정부의 스마트그리드 사업을 총괄하고 이들은 2030년까지 전체 전력망 지능화를 완료한다는 방침이다.

2009년 7월에는 제주특별자치도 구좌읍이 실증 단지로 선정되기도 했다. '제주 SG 실증 단지'라는 이름으로 2011년부터 2013년까지 기술개발 등 다양한 실증사업을 진행했다. 스마트그리드의 적용은 신·재생에너지 프로젝트에서는 필수적이다. 청정에너지를 생산하고 이를 효율적으로 이용하기 위해 스마트그리드와 마이크로그리드 시스템은 더욱 확산될 것이다. 아울러 에너지 소비를 줄이고 스스로 에너지를 생산하는 제로에너지 건축기법을 활용한 스마트 빌딩, 블록체인을 활용한 이웃 간 전력 거래 등 다양한 신기술이 적용될 것이다.

스마트그리드가 제대로 적용되면 대규모 정전 사태를 예방하고 일상 곳곳에서 많은 변화가 일어날 것이다. 스마트패드를 이용해 실시간 전기 요금을 확인한 뒤 가전제품을 이용하는 것도 가능하다. 전기 요금이 저렴한 심야시간대에 로봇청소기와 식기세척기를 가동할 수 있다. 대규모 기업과 공장들은 저렴한 시간대에 전력을 구비하여 ESS에 저장해두고 전력을 사용하면 낭비되는 전력이나 과도한 발전 역시 줄어들 수 있다.

에너지 저장 장치

블랙아웃 피해는 ESS(Energy Storage System)의 기술발전으로 어느 정도 해결될 수 있을 것이다. 가격이 저렴한 심야전력이나 태양광·풍력 등 간헐적 발전 특성을 지닌 신재생 발전시설에서 생산된 전력을 저장해둔다. 이어 전력이 부족하거나, 대규모 정전 상황에서 전력을 사용할 수 있도록 해주는 전력저장장치를 활용하는 것이다. 일종의 대용량 배터리의 개념이다. ESS는 최근 대규모 정전에 대한 대비 측면뿐만 아니라 계절 및 시간대별 요금 차이에 의한 수익을 창출하기도 하는 수준으로 발전하고 있다.

그렇다고 ESS가 모든 문제를 해결해주는 완벽한 솔루션은 아니며, 특히 가격이 비싸다는 단점이 있다. 아직 기술적 문제로 인해 화재가 발생하는 사고도 완벽하게 해결되지 않고 있다. 하지만, 기존의 디젤발전기에 비해 훨씬 안정적이며, 비상 상황에서도 신속하게 전력을 공급할 수 있으며 환경오염과는 무관하다. 지난 2011년 9월 15일 대규모 정전사태 때도 건물에 설치되어 있는 비상발전기의 60% 이상이 가동되지 않아 피해를 더 키웠다고 한다. ESS는 평상시 유지관리 및 점검만 하면 손쉽게 할 수 있다. 기존 디젤 방식의 비상발전기를 대체하는 사례는 앞으로도 더 많을 것이다.

앞에서도 설명했지만, 기존 디젤 비상발전기를 ESS로 대체하기 위해서는 사실 적지 않은 초기 비용을 필요로 한다. 기술발전으로 경제성과 안정성을 모두 갖출 정도로 수준에 오른 ESS도 적지 않다.

제6장

풍력발전과 계통 연계

풍력발전의 불안정성
균형 유지
과도안정 시스템의 필요성
제주 전력 계통의 사례
상승하는 불안정성
전력품질 불균형의 심화
잉여 전력의 처리
계통 안정을 위한 무효전력

6 풍력발전과 계통 연계

🌀 풍력발전의 불안정성

풍력 발전은 바람의 속도 등 자연조건에 의존하기 때문에 발전출력의 변동성이 심하고 예측이 어렵다는 특성을 가진다. 또한, 풍력 발전설비의 기술적 특성이 교류 발전기와 달라 계통에서 전력수급 균형 유지와 주파수 및 전압의 안정적 운영이 어려워지고 있다. 풍력 등 신·재생에너지의 비중이 증가하면서 전력 계통은 주파수 및 전압의 불안정이 심화되고 사고로 인한 정전의 위험가능성이 높다. 이전보다 보다 유연하게 전력 계통을 운영할 필요가 있다.

풍력발전은 풍속의 영향으로 출력의 변동이 심해지고 이로 인한 계통의 주파수 및 전압의 변동성에 큰 영향을 미친다. 일반적으로 유도발전기는 전력계통에 연결할 경우 교류전력이 그대로 연계되고, 동기발전기는 컨버터를 통해 교류를 직류로 변화시킨후 인버터에서 교류로 다시 변환하여 계통과 동기화하는 방식을 사용한다. 풍력발전은 터빈에 의한 회전으로 전력을 생산하여 인버터를 통해 계통에 전력을 공급하지만 전통적인 교류 발전기의 회전체에 비해 제한적이다. 이 때문에 물리적 관성이 약하거나 없는 비동기 발전기로 분류되고 있다.

풍력발전은 전형적으로 태양광보다 설비이용률이 더 높다. 일반적으로 20~40%에 이르고 있으며, 설치 위치와 기술에 따라 편차가 크지만 태양광 발전설비에 비해 약 두 배 정도 높다. 이런 이유로 풍력이 태양광보다 급률에서 확산 속도가 빠르다.

그러나, 우리나라는 선택지가 그리 넓지 않은 입지문제, 주민수용성, 부품 조달 등 여러 측면에서 태양광보다는 여건이 불리하여 아직 보급률이 저조하다. 풍력발전 설비의 규모는 육상에서는 1~3MW의 풍력터빈, 해상에서는 4~6MW의 풍력 터빈을 사용한다. 보통 배전망 이상의 수준에서 연결되고 있다. 국내의 경우, 2019년 기준 신·재생에너지 발전량 중 풍력 발전의 비중은 4.7%로 태양광보다 훨씬 낮다. 풍력이 국내 총 발전량에서 차지하는 비중은 0.46%, 전년대비 증가율도 8.7%로 태양광에 비해 증가세도 높지 않다. 정부가 마련한 8차 전력수급기본계획에서 2030년 풍력 발전설비를 17.7GW로 확대하는 목표를 설정하였는데, 신·재생에너지 발전설비 전체의 30.2%에 해당된다. 우리나라에서 풍력발전 설비의 확대는 입지여건과 사업성 등 여러 이유로 인해 보급량과 계획량에서 상대적으로 작다.

이런 특성에 기반하여 전력계통 영향과 대응 방식도 달라야 한다. 풍력 발전의 비중이 증가하면 계통의 관성은 낮아지기 때문에 전력수급 불균형이 발생하여 계통의 주파수가 빠르게 변화되면서 계통을 더욱 불안정하게 한다. 유도발전기는 여자전류를 계통에서 공급받기 때문에 사고에 따른 전원이 차단되면 여자전류가 상실되어 단독운전이 불가능하다. 하지만, 풍속에 따라서 회전수가 변화하여 운전이 가능하고, 동기발전기는 풍속이 급변할 경우 동기탈조가 발생할 가능성 때문에 직접 연계하지 않고 전력변환장치를 통해 계통에 접속한다.

신·재생에너지의 급증으로 인한 주파수 변화로 전기기기나 설비가 손상되어 정전사고의 위험이 훨씬 높아진다. 신·재생에너지 선진국들은 설비가 손상되지 않고 주파수 변화에 재빠르게 대응할 수 있도록 계통연계 기준을 강화하고 있다.

전력계통은 매우 복잡하고 민감한 균형으로 이루어져 있기 때문에 계통의 안전성을 위협하는 것은 접속할 수 없다. 그 때문에 발전설비를 연계하려면 계통연계 규정이나 그리드콜드에 정해진 요건을 모두 충족해야 한다.

계통연계에는 고도의 전문 지식이 필요하다. 일반인에게는 좀처럼 이미지화하기 어려운 부분도 적지 않다. 신·재생에너지 특히 풍력발전에서 첨단 기술을 보유하고 있는 유럽의 전력계통에 연계할 수 있는 풍력발전의 규모를 결정하는 것은 기술적·실무적 제약보다는 경제적·법제적 틀에 있다 할 것이다.

풍력발전은 오늘날 이미 대규모 전력계통에서 심각한 기술적·실무적 문제가 발생하지 않고 있으며, 전력수요의 20% 정도를 담당하고 있다. 최근 풍황 예측은 부하 예측에 비해 진보하고 있으며, 예측 오차도 부하 예측과 비교해 그리 크지않다. 보다 중요한 것은 각각의 풍력발전 예측 오차의 영향은 그다지

고려하지 않아도 무방하다. 발전원의 기동정지나 스케줄링에 영향을 미치는 것은 대부분 풍력발전 단지의 집합화된 예측 오차 쪽에서 기원하는 것으로 알려져 있다.

균형유지

풍력발전은 지역적으로 또 시간적으로 출력 변동성이 큰 특성이 있다. 풍속 변동에 따라 발전량도 달라진다. 산과 평지의 지형에 따라 지리학적 위치에 따라 변동하게 된다. 다수의 풍력터빈 출력을 통합할 경우, 풍력단지 내 풍력터빈의 개수와 풍력터빈의 공간적 배치에 따라 풍력전력의 변동성을 감소시킬 수 있다. 풍력단지 내 풍력터빈의 개수를 증가시키면, 모든 터빈에 맞바람이 동시에 부딪히지 않기 때문에 난류풍의 영향을 완화시킬 수도 있을 것이다. 여러 개의 터빈을 공간적으로 넓게 배치한다면, 동일 용량의 한 개 대형 터빈보다 발전량 변동폭이 훨씬 적다. 실제 미국 온타리오주에서는 17곳에 분산 배치해, 60~70% 정도 변동폭을 줄일 수 있었다고 한다. 풍력발전은 균형유지 비용을 필요로 한다. 특히 간헐적 발전 특성을 가지고 있기 때문에, 전력시스템의 수요와 공급 균형을 실시간 지속적으로 유지하는데 비용을 필요로 한다. 균형유지 비용은 지역, 시간대 및 발전형식에 따라 다르기 때문에 측정과 비교평가하기가 어렵다. 풍력비율이 낮으면 비용이 적고, 풍력비율이 높아지면 비용도 증대된다.

풍력과 전력수요 사이에 상관관계가 없으므로 비용은 풍력

자체의 변동성에 대비하기 위한 비용보다 훨씬 적다. 기존 전력시스템에 유연성이 있는 경우에는 풍력전력을 접속하는 비용을 대폭 줄일 수 있다. 예컨대, 화력발전 비율이 높은 독일보다 수력 비율이 높은 노르웨이의 경우 이 비용이 훨씬 적게 든다. 풍력발전에 의한 전기를 수력의 예비용량으로 저장했다가 필요할 때 전기를 발생시켜 공급하는 방식인데, 시스템 운영 효율을 향상시킬 수 있기 때문이다.

덴마크처럼 이웃 지역으로 송전할 여유가 있다면, 균형유지 비용 없이 어느 정도까지 풍력접속 비율을 높일 수 있다. 예를 들어 풍력전력 공급 비율이 67%인 시스템에서 MWh당 0.65달러 비용으로 균형을 유지한다. 그러나, 이웃 지역의 풍력 접속 비율이 높아지면 풍력접속 비용이 다시 증가하게 된다.

세계적으로 풍력터빈 기술이 발달하고, 환경적 관심이 높아지면서, 풍력발전 용량이 크게 증대되고 있다. 풍력으로 생산된 전력을 시스템에 접속하는 것은 기술적으로 가능하지만, 풍력이 가진 간헐적 발전 특성 때문에 풍력 접속비율이 높아지면 그 비용도 증가하기 마련이다. 풍력발전이 가진 불확실성과 변동성 때문에 단위 발전비용은 오르게 마련이다. 완전한 예측에서 얻을 수 있는 비용효과에 비해 실제로 약 80% 비용효과를 나타낸다. 풍력 균형유지 비용은 시스템 형태에 따라 달라지지만 풍력접속 비율이 증가하면 이 비용도 증가한다. 기존 발전 시스템에 유연성이 있고, 이웃 지역으로 송배전에 여유가 있는 가용 전력량이 많으면 균형유지 비용을 줄일 수 있다.

또한 풍력터빈을 지리적으로 분산 설치하면 균형유지 비용을 크게 줄일 수 있다. 이를 테면 독일은 북서지방에 풍력발전 단지가 집중되어 있기 때문에 덴마크, 노르웨이, 스웨덴보다 풍력 접속 비용이 상대적으로 높다. 국내에서도 정부 주도로 상업운전 실적을 확보하기 위해 초기 시장 창출 차원에서 40MW 규모의 대형풍력 시범단지 건립을 추진하고 있다. 이 프로젝트의 경우 풍력접속 비용을 줄이는 방안을 사전에 검토하여야 한다.

아울러 공급력이 항상 수요를 웃돌기 위해서는 수요의 증가, 재생 가능 에너지 발전(수력 발전, 풍력 발전, 태양광 발전 등)의 출력 저하, 전원의 계획외 정지 등 돌발 사태에 대응하기 위해 충분한 공급 예비력을 확보해야 한다. 특히 다음과 같은 문제점에 대비해 예비 전력을 확보해야 할 것이다.

① 전력설비는 번개나 지진, 풍설 등 가혹한 자연 환경에 노출되어 있기 때문에 사고(고장)가 불가피하다.
② 대정전 사고의 영향은 연쇄 파급이 극심하다.
③ 순간적으로 수요 공급의 균형을 유지할 필요가 있다. 이 밸런스가 무너지면 주파수가 규정치를 벗어나는, 주파수가 크게 변동했을 경우, 발전 플랜트가 연쇄적으로 정지할 우려가 있다.

과도안정 시스템의 필요성

 향후 풍력발전은 지속적으로 증가 확대될 것이다. 풍력발전 시스템에서 발생되는 전력은 자연이 갖는 바람의 세기 등에 따라 매우 불규칙하게 생산된다. 따라서 전력계통 규모가 상대적으로 작은 전력계통에서는 풍력발전의 불규칙적인 발전 특성으로 인해 전력의 품질이 떨어지고 계통안정 측면에서도 상대적으로 불리하다. 전력계통에서는 끊임없이 부하변동이 발생하고 또는 전기 사고 등으로 전력의 생산과 수요 간에 불균형이 발생한다. 이로 인해 발전기 상차각이 변하게 되는데 이의 상태 변화 여하에 따라서는 동기운전이 깨어져 계통안정을 위협하게 된다. 이는 전력 품질 저하의 원인이 될 수 있다. 전력계통의 안정도는 전력계통에서 발생되는 전기적 외란의 크기, 발전기 특성 또는 전력계통 구성형태에 따라 결정된다.

 예를 들어 유도발전기가 전력계통에 직접 접속되는 경우, 무효전력을 흡수하는 형태로 운전되기 때문에 동기발전기와 다르게 전압을 조정할 수 없는 단점이 있다. 유도발전기가 계통에 직접 접속될 경우, 바람의 세기 등에 따라 발전기 기동과 정지 및 출력 변화가 있게 되며 이로 인한 전압플리커 현상이 나타나게 된다.

 따라서 기존의 풍력발전시스템은 물론 앞으로 예상되는 신설 풍력발전시스템이 전력계통에 미치는 영향을 정확히 분석하고 필요한 경우 적정한 보완 대책을 수립해야 한다. 다시 말해 적정한 풍력발전시스템 유형을 제시하기 위해 과도안정 시스템이 필요하다는 것이다.

↑ 제주 전력 계통의 사례

발전출력은 주파수와 밀접한 관계가 있다. 수요보다 발전출력이 부족하면 전기 주파수가 떨어지고 반대로 발전출력이 초과하면 전기 주파수는 올라가게 된다. 이런 현상은 전력계통의 원리로 인해 나타나는데 전기 수요에 대한 발전 출력의 균형을 맞추기 위해 전기 주파수를 이용한다.

우리나라는 전기 주파수를 60Hz로 정해 전기를 공급하는데 전기 주파수가 60Hz보다 낮다면 발전출력이 부족함을 의미하므로, 발전출력을 증가하도록 제어하고 반대로 전기 주파수가 60Hz보다 높다면 발전출력이 과하므로 발전출력을 감소하도록 제어한다. 이러한 제어 방식을 주파수 조정이라고 한다. 발전소 내부에 주파수 조정장치가 설치돼 주파수 조정을 하고 있고 전력거래소에서 운영하는 EMS(Energy Management System)에도 주파수 조정을 하는 자동발전제어 SW가 탑재되어 발전기의 출력을 조정하고 있다.

제주도는 풍력 자원이 풍부해 그린뉴딜 정책에 가장 부합하는 곳이다. 제주도 발전설비 용량은 약 2,000MW인데 이중 신재생 설비용량은 760MW에 달한다. 특히 풍력은 풍속의 변화에 따라 급격하게 발전 출력이 변화한다. 제주지역 풍력발전 1분 출력변동률이 최대 20%에 근접하는 경우도 있다. 예를 들어 풍력발전 출력의 총합이 200MW인 상태에서 1분 후

200MW의 20%인 40MW가 증가해 풍력발전 출력의 총합이 240MW가 될 수 있다.

전기 주파수와 발전출력의 관계에 따라 풍력발전의 급격한 증가는 주파수의 급격한 증가로 나타나게 되고 주파수 조정이 동작해 제주도의 화력발전 출력을 감소시킨다. 석탄 화력발전소의 경우 1분 내에 감소할 수 있는 출력은 설비 용량의 약 2%, 복합화력의 경우 약 5%이기에 화력발전소의 출력 감소 속도로는, 풍력발전의 급격한 출력 변동 속도를 추종하기 어려운 경우가 간헐적으로 발생할 수 있다. 결국 풍력발전의 급격한 변동을 만회하기 어려운 경우, 발전기의 탈락을 막기 위해 풍력발전기의 출력 제한을 실시할 수밖에 없는 상황이 된다.

과거 전력연구소 통계에 따르면, 2021년 제주도의 출력제한 전망치는 240회이고 제한 발전량은 약 6만MWh로 상당한 양의 풍력 발전량이 사용되지 못할 것으로 예측되었다.

풍력발전기 출력 제한 횟수가 증가하는 이유는 화력발전소가 출력을 감소할 수 있는 양이 부족하기 때문이다. 제주도에는 태양광 및 풍력 발전 비중이 커서 상대적으로 화력발전 출력 비중이 줄어드는 낮 시간대에 풍력발전 제한이 주로 이루어지고 있다.

이처럼 제주지역에서 발생하는 풍력발전 제한이 어느 지역이든 나타날 수 있다.

급격한 풍력 발전량 증가로 나타나는 전기 주파수 상승을 막기 위한 하나의 해결책으로 빠른 시간에 발전량을 흡수할 수 있는 주파수 조정용 ESS가 있다. ESS는 전기에너지를 저장(충전)할 수 있으며 리튬 계열의 배터리를 사용하면 상당히 빠른 시간에 전기에너지 저장이 가능하다.

제주지역에 설치한 주파수 조정용 ESS 배터리

리튬이온 배터리를 사용하는 ESS의 경우 150kW의 출력을 내고 있다가 30ms 이내에 200kW의 충전이 가능하다. 즉, 30ms란 짧은 시간 동안 350kW의 전기에너지를 흡수할 수 있다. 250kW ESS 다수를 병렬로 구성하면 수십MW 이상의 ESS 구축이 가능하다. 주파수 조정용 ESS는 주파수가 60Hz 이하일 때 방전하고 60Hz 이상일 때 충전하도록 동작한다. 급격한 풍력 발전 출력의 상승으로 주파수가 60Hz 이상으로 상승하면 주파수 조정용 ESS가 빠른 충전 속도로 전기에너지를 흡수해 총 발전량을 감소시켜 주파수의 상승을 억제하고 더 나아가 주파수를 하락시킨다. 주파수 조정용 ESS의 효과는 이미 입증됐으며 여러 국가에서 실제로 운용되고 있다.

미국연방에너지규제위원회(FERC)는 행정명령을 통해 ESS의 주파수조정용 전력시장 참여를 허용했다. 독일은 신·재생에너지의 비중이 급격하게 증가함에 따라 발전출력 불안정성으로 인한 국가 송전망을 보호하기 위해 주파수 조정 수단을 의무화했다. 독일 전력회사 베막(WEMAG)은 2014년 유럽 최초로 주파수조정용 ESS의 상업 운전을 시작했다. 이후 대형 발전사들은 규제 준수를 위해 기존 발전단지에 대규모 ESS구축 프로젝트를 진행했다. 독일 이외의 유럽 내 다수 국가에서도 ESS가 주파수조정용으로 활용되고 있다. 사고 방지를 위해 많은 기업에서 신기술을 포함해 다양한 연구가 이루어지고 있고 IoT센서와 빅데이터 분석을 적용해 진단, 감시 솔루션을 출시하고 있다. 앞으로 풍력발전 등 신재생 출력 제한 문제는 현실적으로 닥칠 문제이다. 공공ESS를 시작으로 DC배전, 마이크로그리드, 그린수소, 섹터커플링 기술 등 다양한 에너지관리기술을 제도화하고 전력계통을 중심으로 통합할 때 효과적인 계통 제어를 할 수 있다.

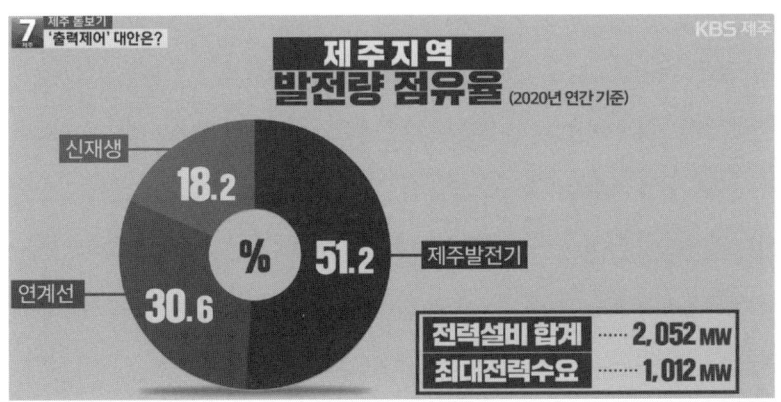

KBS 화면 캡쳐

✈ 상승하는 불안정성

몇년 전 여름철 미국 캘리포니아주에서 발생한 대규모 순환 정전의 원인에 대해 논란이 계속되었다. 발전 설비의 부족이나 변동성 재생에너지의 확대 등을 원인으로 꼽기도 했고, 한편으로는 폭염으로 인한 전력수요의 예측 실패와 당국의 부실대응 등을 언급하기도 했다. 사고원인에 대한 의견은 분분하지만, 늦은 오후 태양광발전 출력의 급격한 하락과 이상고온에 따른 전력수요의 증가에 제대로 대응하지 못한 것이 원인이었다. 결국, 미국 주정부 전력당국은 일정 지역을 중심으로 순차적인 부하 차단으로 전력 수급 불균형을 해소해나갔다.

재생에너지의 비중이 높은 캘리포니아주의 순환 정전은 적잖은 시사점을 준다. 우리나라의 경우, 아직 그 비중이 크진 않지만, 지역적으로 태양광 및 풍력발전으로 인한 전력 계통의 불안정성이 두드러지고 있다. 특히 제주도 풍력발전의 출력 제한 빈도의 증가와 전라도 지역의 재생에너지 발전의 과전압 문제, 발전설비 고장 등으로 전력 계통의 안정성을 위협하는 요인들이 늘고 있다.

예컨대 2016년 9월 및 2017년 2월 호주 남부 정전사고와 2019년 8월 영국 대규모 정전사고는 공통적으로 변동성 재생에너지의 비중이 늘어나면서, 전력 계통의 발전량 급감과 주파수 하락에 대한 적절한 대응의 부재와 공급 여력의 부족에서 비롯된 것이다.

2016년 9월 남호주의 정전사고는 풍력발전 설비의 비중이 높아진 가운데, 토네이도에 의한 송전선로 고장으로 저전압 상태가 지속되어 풍력발전기의 출력이 급감하였으나 대응부족으로 정전이 발생하였다. 2017년 2월의 정전사고는 변동성 재생에너지의 비중이 높은 상황에서 저녁시간대 폭염에 따른 전력수요 예측 오류와 발전량 급감에 대응하지 못해 발생했다. 2019년 8월에 영국에서 발생한 대규모 정전사고는 낙뢰로 인한 송전선로 문제로 대형발전기가 고장나고 이어서 풍력단지의 탈락에 의한 주파수의 급격한 하락으로 발생하였다. 변동성 재생에너지 증가는 전력계통의 불안정과 대규모 정전의 발생 가능성을 높이고 있다.

  문제는 변동성 재생에너지의 확대로 인해서 빈번해진 전력계통 불균형에 따른 주파수와 전압을 어떻게 일정 수준으로 유지하느냐가 관건이다. 그간 원자력 및 화력발전 위주의 대규모 발전소를 중심으로 장거리 수송을 통해 각 소비지로 전력을 공급하던 시스템에서는 비교적 안정적인 계통운영이 가능했다. 반면 풍력 등의 불확실성과 출력 변동성 특성을 가진 발전설비가 전력계통에 접속되면서 전력수급 불균형이 심화하고, 계통 주파수 및 전압의 일정 수준을 유지하기가 더 어려워지고 있다. 이에 따라 우리나라를 비롯한 각국은 앞으로 신·재생에너지의 비중 증가로 출력변동성이 높아지면서, 계통운영의 안정성과 효율성 확보에 집중하고 있다.

교류 발전기와 전력계통 운영

석탄, 천연가스 등 화석연료나 원자력을 이용한 대형 발전기들은 관성(inertia)이 나타난다. 발전기는 회전체의 관성을 통하여 터빈의 회전속도를 나타내는 주파수를 일정하게 유지하고, 전압도 일정시간 단위로 변화한다. 따라서 주파수가 0으로 변화없는 전압은 직류를 생성하고, 일정 시간대에 변화하는 전압은 교류를 생성한다. 우리나라는 미국과 같이 초당 60Hz의 주파수(3,600rpm)를 가지는 전력계통을 운영하고 있는 반면, 유럽은 50Hz의 주파수로 계통을 운영하고 있다.

(주)원자력 및 화석연료 발전기는 회전체의 관성을 통하여 교류전력을 생산하면서 60Hz를 기준으로 주파수 변동의 허용범위(±0.2Hz) 내에서 주파수와 전압을 유지하도록 설계되어 있다. 운전 중인 모든 발전기는 초당 동일한 속도의 회전을 통하여 전력을 생산하고, 전력계통으로 공급하는 동기발전기 역할을 하고 있다.

개별 발전기는 부하가 증가하거나 감소하면 주파수의 변화가 발생하고 그 변화에 맞추어 자동으로 주파수를 허용범위 내에서 유지할 수 있도록 작동한다. 시스템의 부하가 가중되면 발전기의 터빈 회전속도 저감으로 주파수가 하락하게 된다. 이때 일시적으로 스팀의 양을 증가시켜 회전속도를 일정 수준으로 높이게 되는데, 부하의 수준에 맞게 주파수를 조정하는 역할을 하는 것이 조속기(Governor)이며, 이를 주파수추종운전(GF: Governor Free)이라고 한다. 반대로 시스템 내부 부하가 덜어지면, 발전기는 터빈의 회전속도 증가로 주파수가 상승한다. 이에 대응하여 조속기는 스팀의 양을 감소시켜 회전속도를 일정수준으로 낮추어 주파수를 조정하는 역할을 하게 된다.

결국 전력수요 공급의 불균형에 대비, 즉 전력수요의 증감에 따라 발전기의 전력생산 및 공급 대응력을 갖춰서 전력계통의 안정적 운영을 기해야 한다. 기존 원자력 등 화력 터빈의 비중이 높은 전력 계통은 대부분 동기발전기들로 구성되어 관성이 크게 작용하기 때문에 전력수급 불균형으로 인한 주파수 및 전압의 변화가 나타나더라도 특정 주파수와 전압의 범위 내로 복원할 수 있다. 이런 측면에서 교류 전력계통은 초단위에서 전력수급의 불균형이 발생하지만 특별한 사고가 발생하지 않는 한, 정상적인 상태에서 계통의 안정적 운영이 가능하다. 전력계통의 운영은 실시간으로 변화하는 전력수요의 변동성에 대해 어떻게 전력수급 균형을 유지하는가가 관건이다.

비정상적 상태의 전력계통 대응

전력계통에서 갑작스러운 대형발전기의 고장 및 탈락 또는 송배전선로의 이상, 변압기의 고장 등으로 인한 사고가 발생하면 전력수급 불균형에 따른 계통의 대응 방식이 달라진다. 사고로 인한 수급불균형의 차이와 주파수의 하락폭이 정상적인 상황보다 더 큰 차이가 나므로 사고대응 차원에서 빠르게 주파수를 정상적인 범위 내로 회복해야 하는 상황에 직면한다. 발전기의 고장 정지는 출력 부족에 따른 주파수 하락을 유발하는

데, 기준치 이하로 주파수가 급격하게 낮아지면 기기의 손상을 유발할 수 있으므로 강제로 부하를 차단할 수 있다. 또한 송전선 탈락은 다른 정상적인 송전선에 과부하를 발생시키거나 정격전압에서 벗어나게 하는 전력조류의 변화를 가져 온다. 따라서 전력 당국은 사고 발생시 상황에 맞게 주파수 유지 범위를 정하여 계통을 안정적으로 유지할 수 있도록 하고 있다. 설비의 고장이나 사고 시 주파수의 유지범위는 계통 전체 주파수의 유지, 전기기기 및 산업체의 생산 활동 영향과 함께 발전기의 보호 차원에서 적절한 수준을 유지해야 한다.

비상상황이란 전력계통의 다중 고장, 예비력 부족 등과 같은 내부 원인이나 폭풍 및 그 밖의 자연현상, 사회혼란, 태업 등과 같은 외부 원인에 의하여 전력계통에 광역정전이 야기될 수 있는 상태 또는 전력수급의 균형유지가 어렵거나 어려움이 예상되는 상태로 규정하고 있다.

사고 발생시 전력 계통의 대응 방식은 우선 공급력 부족에 따른 주파수 강하를 저지하기 위해서 조속기를 통해 수초에서 수십 초 단위의 빠른 시간 내에 일정 수준의 주파수 회복이 필요하다. 중앙전력관제센터의 원격지시 이전에 발전기가 자동적으로 주파수 변화를 감지하여 일정수준으로 안정화시키고, 동시에 발전기의 출력변화도 수반한다. 사고가 발생하는 경우는 대체로 부하 대비 공급의 부족에서 오기 때문에 특정 시간에 주파수가 급격하게 하락하게 된다. 이 때, 계통에 관성이 크게 작용할수록 주파수의 하락이 서서히 진행되기 때문에 그 만큼 공급력 회복이 용이해질 수 있다. 가장 먼저 발전기의 조속기를 통해 스스로 스팀의 양을 조절하여 출력을 높임으로써 주파수를 일정수준으로 안정화시키는 역할을 수행한다. 이후에도 정격주파수로 회복되지 못하거나 다른 추가적 사고가 발생하여 정전의 위험이 있을 수 있다. 이럴 경우에는 중앙관제센터가 경제급전 순서에 입각하여 정격 수파수로 회복하도록 제어하게 된다.

전력품질 불균형의 심화

풍력발전이 급속히 확대되면서 전력계통에 미치는 영향 가운데 으뜸은 전력수급 불균형의 심화라는 문제이다. 교류 전력계통의 발전기는 대부분 출력예측과 주파수 및 전압제어가 가능하기 때문에 비교적 대응하기 용이하다. 현재 풍력발전이 증가하면서 전력수요의 변동에 대응할 수 있는 공급력의 변화 여력도 더 줄어들고 있다. 변동성 재생에너지는 출력예측에 대한 오차가 크고, 제어가 어렵기 때문에 계통관리 하에서 수급 운영은 더 복잡하고 어려워진다.

이에 따른 문제점을 몇 가지로 짚어보겠다.

첫째, 주파수 변동 심화 문제이다. 풍력 발전의 비중 확대로 인해 전력수급 불균형이 심화하면 계통의 주파수 변동도 심화될 것이다. 전력계통이 정상적인 상황 하에서도 기존 풍력 발전의 출력예측에 대한 오류와 실시간 출력변동의 심화는 자연

조건에 따라 예기치 않은 공급력의 과잉과 부족으로 이어질 수 있다. 신·재생에너지의 공급이 과잉될 경우 주파수 상승으로 이어지고, 이를 위험신호로 받아들여 설비보호 장치의 작동으로 재생에너지 발전설비가 계통에서 탈락하고, 이는 공급부족으로 이어져 주파수 하락으로 귀결된다. 결국 저주파수 계전기의 작동으로 파급확대방지를 위해 일부 지역의 부하를 차단하는 방법으로 문제를 해결하는 상황으로 전개될 수 있다.

둘째, 전압의 상승 문제를 들 수 있다. 전압관리는 전력조류가 단방향이라는 전제조건 하에서 이루어지고 있으며, 부하의 변동으로 배전선에 흐르는 전류가 변화하여 전압이 변동하더라도 전압의 단조감소로 선로의 전압조정은 쉽게 이루어진다. 그러나, 배전선로에 연결되는 신·재생에너지가 증가하면, 역조류(reverse power flow)가 발생하여 연계지점의 전압상승 때문에 기존의 전압제어방식으로는 적정전압 조정능력을 잃을 수 있다. 전압의 변동은 재생에너지원에서 투입되는 유효전력과 무효전력에 의해 계통의 전압상승으로 나타나는데, 이럴 경우 무효전력을 흡수하여 전압상승을 완화할 수 있다. 일반적으로 부하는 유효전력 및 무효전력을 흡수하여 해당 전력계통의 전압을 떨어뜨리지만 발전기는 계통으로 전력을 주입하여 계통의 전압을 상승시킨다. 전력조류에 의한 전압변동은 계통의 저항이 클수록, 송전선로의 길이가 길수록 증가하기 때문에 전력조류에 의한 전압변동이 높게 나타난다.

셋째, 전력시스템의 관성 약화 문제이다. 풍력발전은 발전기의 특성상 계통의 주파수와 동일하게 운영되지 않는 비동기 발전기(non-synchronous generator)로서 관성이 없거나 약화되어 있다. 풍력발전 등 신·재생에너지의 비중이 크지 않을 경우에는 계통의 관성을 유지시켜주는 기존 전통적 발전기로 인해 전력수급 불균형에서 발생되는 주파수와 전압에 변동이 발생하더라도 큰 문제없이 회복될 수 있지만, 풍력발전 비중이 높을 경우 관성이 약화되어 주파수와 전압의 변동이 빠르게 진행되고, 정격주파수로 복원하는 힘도 약해진다. 특히 사고발생에 따른 수급불균형으로 일시 공급력이 약해지면 계통의 관성이 낮기 때문에, 주파수가 급격하게 떨어져 정전 사고로 이어질 우려가 높아진다. 낮아진 계통의 관성을 대체하기 위해서는 빠르게 응동할 수 있는 계통의 유연성을 높이는 방향으로 개선해야 한다.

넷째, 대규모 정전의 위험성 가중이다. 변동성 신·재생에너지의 비중이 높은 전력계통에서는 정전의 우려가 높아진다. 대형 발전기의 고장, 송배전선로의 이상 등에 따른 사고 발생 시 태양광 및 풍력발전은 전력생산을 중단하지 않으면 설비 손상 및 인버터 고장 등의 위험 때문에 계통에서 분리되어야 한다. 일반적으로 계전기에서 신호를 감지하고 차단이 가능하지만 전기적으로 분리된 상태에서도 단독운전방지 장치가 설치되어 단독운전 여부를 점검한 뒤 계통의 이상신호를 감지하면 자동으로 탈락하여 전력생산을 중지하도록 해야 한다.

따라서, 사고 발생 시 전력계통의 대응 메뉴얼을 미리 준비해야 한다. 전력계통에서 예기치 않은 사고가 발생하면, 부하가 일정해도 공급여력의 부족에 따른 수급 불균형으로 주파수가 하락할 수 있다. 대형 교류발전기가 다수인 계통에서 관성이 높고 예비력이 확보된 상태에서 수요예측이 비교적 정확하다면, 특정 주파수 범위 내로 복원이 가능하다. 그러나 변동성 재생에너지의 비중이 높아질 경우 상황은 급변한다. 계통의 관성이 약화되고 있는 상태에서 전력계통의 유연성이 충분히 확보되지 않으면 정전의 위험도 그 만큼 커질 수 밖에 없다.

비정상 주파수와 비정상 전압 대응

태양광 및 풍력발전이 증가하는 가운데 전력 수요가 적을 경우, 종래 화력발전의 최소한 발전에도 불구하고 전력공급의 과잉으로 인해 과주파수가 발생한다. 이때 풍력발전의 출력을 제한하거나 잉여전력의 활용을 통해 전력수급 균형과 주파수를 회복할 수 있다. 즉 발전기의 최소 출력 수준과 출력증감 비율에 따라 신·재생에너지의 출력제한에 대한 대응방식이 달라질 수 있다.

비정상 전압의 경우, 비정상 주파수와 동일하게 전력수요가 낮을 때 신·재생에너지 발전이 증가하여 전력공급이 과잉되면 과전압이 발생한다. 이런 경우 대형 발전설비나 변전소의 조상설비를 통하여 무효전력을 흡수, 과전압 문제를 해결하도록 하고 있다. 계통사고로 인한 일정규모 이상으로 신·재생에너지 설비가 동시에 탈락하면 대규모 정전으로 이어질 가능성도 있다. 아직 우리나라에서는 일반적으로 변동성 재생에너지의 비중이 낮아 전력계통에 미치는 영향은 미미하다. 전력계통의 안정성에 큰 지장을 초래하지 않는 것으로 인식되고 있다.

그러나, 우리나라는 현재 변동성 신·재생에너지의 비중이 낮더라도 증가세가 가파르게 오르고 있다. 제주지역을 비롯해 이미 지역적으로 전력계통의 불안정 문제가 발생하고 있다.

현재 풍력발전 출력 제한에 대한 보상 기준이 일부 마련되어 있다. 하지만, 전력도매시장의 가격 기능이 수급을 반영하지 않는 이상, 비자발적인 출력 제한에 대한 적정한 보상 방안을 수립해 놓을 필요가 있다. 보상기준에 대한 근거는 기회 비용 개념으로 풍력발전에 따른 수익과 동일하게 지급되는 것이 합리적이다.

잉여 전력의 처리

향후 잉여전력 처리 문제는 상당히 이슈가 될 소지를 안고 있다. 풍력발전이나 태양광발전의 추가 설비 확대 계획과 수요의 변화에 따라 잉여전력이 급격히 증가할 가능성이 있다.

이 때문에 잉여전력 처리문제가 해결되지 않는 한 계통의 불안정은 확산될 우려가 있다.

현재는 풍력발전 설비에 대해서만 제어하고 있지만, 태양광발전은 설비 증가 추세가 빠르게 나타나고 있다. 가능하다면 태양광발전의 출력제한까지도 고려해야 될 상황이 나타날 수 있다. 당분간 전력수요가 크지 않을 경우 풍력발전의 출력 제한 횟수는 늘어날 것이다.

배전 계통의 과전압 문제 역시 골칫거리가 될 수 있다.

최근 전력산업을 둘러싼 에너지 환경은 급속하게 변화하고 있다. 풍력과 같은 변동성 재생에너지의 확대가 가장 큰 영향을 미치고 있다. 발전원의 혼합 과정에서 풍력발전의 비중이 미미할 때, 전력계통의 운영은 전력수급 불균형이 나타나더라도 대다수 회전체 발전기의 관성과 자체 주파수 제어 기능, 중앙관제센터의 급전지시 등을 통해 비교적 안정적인 대응이 가능하다.

그러나, 현재 상황은 변하고 있다. 과거에는 전력수요의 변동성에 안정적으로 전력을 공급하는 것이 최우선 목적이었다면, 이제는 변동성 재생에너지가 늘어남에 따라 수요 변동성은 물론 공급 변동성과 함께 계통 불안정성을 동시에 해결해야 하는 상황으로 치닫고 있다. 신·재생에너지 비중이 2040년 최대 35%까지 증가한다면, 전력수급 불균형과 이에 따른 주파수 및 전압의 급격한 변동으로 인한 계통의 불안정성이 큰 사회문제가 될 수 있다.

우리나라는 국가 간 계통연계가 이루어진 유럽과는 달리 섬나라와 같은 고립적 계통으로 유사시에도 자체적으로 전력계통의 불확실성과 변동성에 대응해야 한다. 아직 대규모 정전사고가 발생하지는 않았지만 향후 대응 여부에 따라 대형 정전사고의 발생의 가능성은 얼마든지 있다.

이에 따라 우선적으로 돌발사고의 대응력을 높여야 한다.

외국과 같이 신재생발전기의 계통연계기준을 강화함으로써 기술적으로 계통의 대응력을 높여야 있다. 변동성 재생에너지의 보급 확대에 따른 출력변동과 주파수 하락을 대응하기 위해 Fast DR(Fast Demand Response)을 도입할 계획을 세워야 한다. 일정 주파수 이하로 하락하면 속응성 자원으로서 저주파수 계전기(UFR)를 통한 산업체의 소비차단으로 빠르게 대응하려는 것이다. 그러나, 근본적으로 운영시스템의 개혁을 통해 신·재생에너지의 변동성을 대체할 수 있는 자원의 활성화에 대한 유인체계를 조성해야 할 것이다. 현재 전력시장을 비롯한 전력운영 시스템은 여전히 2001년 전력산업 구조개편 이후와 동일한 형태로 유지되고 있다. 도매시장은 하루 전 시장만을 운영하여 송전망 제약을 비롯한 다양한 제약여건도 고려하지 않은 수요와 공급으로 운용되고 있다. 계통의 시장가격을 결정함에 있어서 실시간 수급 균형을 위한 부가비용이 늘어나는 구조로 운영되고 있다.

결국 운영예비력과 대체자원을 어떻게 활용하느냐에 따라서 전력계통의 안정적 운영 여부가 좌우될 것이다. 이들 자원에 대한 투자비용을 시장가격으로 보상하는 체계의 구축과 유인 제공이 무엇보다 중요할 것이다. 변동성 신·재생에너지의 증가 속도가 빨라지고 있는 가운데, 그 비중이 더 확대되기 전에 변동성이 제대로 반영되는 시장 가격기능이 작동하는 체계로 전환하는 것이 시급하다. 외국의 경우 도매시장 가격이 수급상황을 반영하여 공급과잉이 나타날 경우 마이너스 가격까지 나타나서 변동성 재생에너지 발전사업자가 자발적으로 설비의 가동 중단을 선택할 수 있다.

우리나라는 발전원별 비용 자료와 발전량으로 도매시장 가격이 결정되고, 정산도 총괄원가규제로 배분하는 방식에 의해서 이루어지고 있다. 사실상 사업자의 입찰 선택을 자유롭게 하는 시스템이 아니다. 신·재생에너지 발전사업자도 입찰하지 않고, 출력제한도 비자발적으로 이루어지기 때문에 보상이 필요한 상황이다.

결국 전력시장에서 발전사업자를 포함한 시장참여자의 공급여력 확보 노력을 유인하는 체계에서 계통의 유연성을 확보해야 한다. 향후 전력운영 시스템이나 시장의 유연성 강화 노력 없이는 언제 어느 순간에 공급대응 여력이 부족한 상황에 몰릴지도 모를 일이다.

아울러 최근 풍력발전 손실 저감을 위한 무효전력 제어 방식이 제시되고 있다.

앞에서 설명했듯이, 풍력발전기는 기상 상황의 영향, 즉 풍향 내지 풍속의 성질에 따라 발전이 간헐적으로 이루어진다. 이에 따라 풍력발전단지를 배전 계통에 연계하였을 때, 발전기의 지속적인 출력 변동으로 인해 계통의 전압 변동이 증가하는 현상이 나타난다. 이는 계통의 안정성 측면에서 불안요소이다. 종래 낮은 풍력발전 점유율과 전력 계통에 연계되는 풍력발전의 수가 적기 때문에 계통의 안정성에 미치는 영향이 미미했으나 이제부터는 다른 상황이 펼쳐질 수 있다.

계통의 안정성을 유지하기 위해서는 무엇보다 무효전력을 균형적으로 수급하여, 배전계통의 전압 변동을 안정적인 상태로 운전하는 것이 중요하다. 계통의 안정성을 확보하기 위해서는 풍력발전단지의 전압의 변동을 실시간으로 확인하고, 신속한 무효전력 보상이 이루어져야한다. 관련 연구 또한 실계통과 유사한 환경으로 구성하여 시뮬레이션을 수행해야 한다.

현재 제주는 유리한 지리적 특성과 지자체의 추진 의지 등으로 제주 지역 전력공급설비의 40% 정도를 풍력발전이 차지하고 있다. 향후 더욱 증가할 전망이다.

송전과정에서 유실되는 손실은 송전망 저항에서 발생하는 불가피한 손실이다. 전압이 높을수록 거리가 짧을수록 작아지는 특성을 가지고 있다. 2019년 기준, 우리나라 전력의 송전 손실량은 8,445,564 MWh로 나타났다. 이를 비용으로 환산할 경우 7148억 원으로 추정되는 수치이다. 이러한 손실량은 지속적으로 증가하는 추세에 있다. 풍력발전은 넓은 지역에 분포되기 때문에 송전 손실이 상당한 비중을 차지하고 있다. 이에 따른 손실 저감을 위한 대책을 고려해야 한다. 최근 손실 저감을 위해 무효전력 제어 방식이 확산하고 있다.

✈ 계통 안정을 위한 무효전력

인체에 필요한 탄수화물, 단백질, 지방 그룹과 비타민이나 미네랄 그룹 등 두 가지로 크게 나뉜다. 전자에 속하는 그룹은 몸을 움직이는 에너지원이고, 후자 그룹은 몸을 정상으로 유지하는데 절대 필요한 물질이다. 이처럼 전력에도 유효, 무효전력으로 구분된다. 이 가운데 유효전력은 전동기에 회전력을 주거나 조명기구에서 광속을 방사하며, 영양소 가운데 탄수화물 등과 같은 에너지원으로 움직인다. 한편, 무효전력은 전동기에 회전력을 주거나 조명기구에서

광속을 방사하는 등의 에너지원은 아니지만, 적정 전압을 유지하는데 필요불가결한 전력이다. 즉, 비타민이나 미네랄과 같이 필요 불가결한 것으로서 무효전력은 신체의 비타민과도 같다. 우리나라 속담 중에 '더한 것이 덜하느니만 못하다'라는 말이 있다. 즉 '과하지도 않고 부족하지도 않은 상태'가 가장 좋은 상태이다.

이 것은 전력계통에 있어서도 동일하다. 즉, 유효전력의 소비(수요)에 대한 발생(공급)이 부족하면 계통주파수가 저하되어 버린다. 반대로 공급이 과잉되면 계통주파수는 상승한다. 따라서 과잉 전압의 경우, 계통 내 전기사업용 발전기는 풍력발전 등에 이용하는 수백KW 정도의 소용량기로 제거한다. 동기발전기에 속한 전력계통 내 모든 발전기는 '동기화력에 의해 서로 강하고 견고하게 연결되어 동기하면서 회전하고 있기 때문에 서로 같은 주파수로 운전하고 있다. 무효전력은 과하지도 않고 부족하지도 않은 상태, 즉 발생과 소비의 균형이 보장되어 있는 것이 가장 중요하다.

특히 유효전력을 수송하기 위하여 적정량의 무효전력이 절대 필요하다.

무효전력은 전력시스템의 각 모선의 전압을 유지하기 위하여 대단히 중요한 역할을 한다. 또한 무효전력의 공급이 부족하면 전압 안정도(voltage stability)가 위협받아 시스템이 붕괴될 수 있다. 유도성 리액턴스와 발전기 사이를 왕복하는 전류는 전압강하를 일으키는 큰 원인이 되며 유효전력의 손실도 발생시킨다.

무효전력은 발전기, 동기조상기(synchronous condenser), 송전선로, 병렬 카패시터(shunt capacitor), 무효전력보상장치 등 여러 곳에서 생산된다. 무효전력은 전압 크기에서 모선별로 다르게 된다. 무효전력은 소비되는 장소의 근처에서 생산되는 것이 좋으며, 발전기는 무효전력 발생원도 되고 소비원도 된다. 무효전력은 전압이 높은 곳에서 낮은 곳으로 이동하지만, 무효전력손실이 많아 장거리 송전은 불가능하다. 무효전력이 손실된다는 것은 근처의 인덕티브 리액턴스가 무효전력을 소비한다는 것이다.

발전기의 여자전류(exciting current)를 높이면(발전기 전압을 높이면) 무효전력이 많이 발생되고 이때에는 발전기가 병렬 카패시터와 같은 역할을 하며 전압을 높인다. 여자전류를 낮추면(발전기의 단자전압을 낮추면) 발전기는 인덕티브 리액턴스의 역할을 하여 전력시스템의 무효전력을 흡수한다. 동기조상기는 터빈 없이 발전기만을 병렬운전하여 여자전류를 조정하여 연속적으로 무효전력을 흡수하거나 생산하는 장치이다.

  한 지역에서 송전선로는 많이 분포된 경우 다른 지역으로부터 전력을 공급받게 된다. 이 지역의 소비전력이 작으면 송전선로의 무효전력의 생산량이 소비량보다 많게 되어 전압이 상승하게 된다. 전력수요가 낮은 시간대에 이러한 현상이 일어날 수 있으며 과전압을 해소하기 위해서는 동기조상기를 설치하는 것이 효과적이다.

  유효전력이란 시스템 내의 부하에서 소비되는 에너지를 말한다. 따라서 발전기에서 부하로 흘러가서(one-way flow) 소비되며 전압의 위상각이 큰 모선에서 작은 모선으로 흐른다. 소비자가 사용하는 유효전력의 합과 송배전망에서의 유효전력손실(송전망, 변압기, 배전망의 손실)과 발전기가 사용하는 소비전력을 합산한 것이, 모든 발전기가 공급하는 유효전력의 합과 60Hz에서 균형을 맞추도록 유지한다. 교류전력시스템 내에서 직류발전은 무효전력의 생산에 기여하지 못하므로 전압 유지를 위한 무효전력보상장치를 설치하여야 한다.

  앞으로 태양광, 풍력 재생에너지의 설비용량은 최대 50GW를 넘을 것으로 전망된다.

  이에 따른 각종 문제가 불러질 것이다. 그동안 신·재생에너지는 발전만 하면 됐기 때문에 전력계통의 안정성은 고려하지 않아도 무방했다. 2022년 현재 재생에너지의 발전비중이 최대 3% 정도로 추정되는 만큼 계통에 큰 영향을 미치지는 않고 있다. 문제는 앞으로에 있다.

계획대로 신재생발전이 전체 전력공급의 26%(26GW. 2034년 목표수요 104.2GW 기준)를 담당한다면 신재생도 석탄, LNG발전 등 기존 전력공급 설비와 같이 감시 제어가 불가피하다. 우리보다 먼저 재생에너지를 크게 늘려 전체 발전설비 중 37%를 재생에너지에 의존하고 있는 영국은 지난해 8월 대규모 정전을 겪었다.

원인은 400kV 송전선로가 낙뢰로 손상되면서 1691MW에 달하는 발전설비가 탈락했다. 이로 인해 110만호가 최대 45분간 순환정전을 겪었고 열차, 병원 등 공공서비스는 대혼란을 겪었다. 특히 문제가 된 것은 737MW의 해상풍력발전이 원인 모르게 탈락하면서 연계된 전력계통에 정전 사태를 가져왔다. 계통 고장이 연쇄적인 발전력 탈락으로 이어지면 주파수와 전압이 흔들리고 결국 순환정전이 발생한다. 우리도 계획된 대규모 재생에너지가 발전을 시작하면 계통 고장과 별도로 주파수와 전압 유지를 위한 강제적 수단이 필요하다.

따라서 정부는 일부 계통에서 고장이 발생해도 신재생발전설비는 적정 주파수와 전압을 유지하기 위해 발전을 지속하도록 신재생발전기 연계 기준(Connection Cord)이 개정되어 시행되도록 했다. 이에 따라 한국전력이 대규모 재생에너지의 출력을 감시하고 제어가 가능하도록 했다. 최근 법개정으로 전압과 주파수 변동으로 인해 전력계통에서 고장이 발생할 경우 신재생발전기가 탈락하지 않도록 신재생발전 사업자에게 의무기준을 부과했다.

이번 연계기준 개정에 따라 발전사업자는 출력 감시 및 제어가 가능한 인버터를 설치해야 한다. 새로운 신재생 발전사업자는 기준에 맞는 인버터를 설치해야 하며, 기존 사업자는 인버터 교체가 불가피해 보인다. 대상은 육지계통은 154kV 미만에 송전 접속한 신재생발전사업자와 제주도는 22.9kV 이하 배전 접속 사업자다.

그 이상 전압은 전력거래소에서 제어한다.

이에 따라 사업자는 발전설비 특성, 출력정보, 예측정보 등을 전력거래소와 송배전사업자에게 제공하는 것이 의무화됐다. 또 계통에 이상이 생겨도 풍력발전기는 전압 안정을 위해 발전정지 없이 계통연계를 유지해야 하며 특히 유·무효전력 제어능력을 개선해 '전압유지를 위한 전력'(무효전력) 공급 능력을 구비하도록 규정했다.

전력계통 신뢰성에 대하여

풍력발전 등 신·재생에너지의 안정적 공급을 위해서는 몇가지 핵심적 개념을 숙지할 필요가 있다.

첫째, 신뢰성(Reliability)이다. 신뢰성이란 전력계통을 구성하는 제반 설비(발전, 송전, 변전, 배전) 및 운영체계 등이 주어진 조건에서 의도된 기능을 적정하게 수행하는 것이다.

둘째, 적정성(adequacy이다. 적정성이란 정상상태 또는 발전기 탈락, 송전선로 고장 시 전기사용자가 필요로 하는 전력을 수요측에 공급해 줄 수 있는 정도다. 전력계통에서 발생할

구분	지상 무효전력 공급 부족 시 (발생<소비)	지상 무효전력 공급 과잉 시 (발생>소비)
1) 문제점	(1) 계통전압 저하 (2) 송전손실 증가 (3) 계통 안정도 저하 (4) 기기효율 저하 (5) 발전소 출력 저하	(1) 계통전압 상승 (2) 계통연계기기 수명저하 (3) 기기 열화 촉진 (4) 고조파 발생
2) 대책	(1) 발전기의 지상 저역률 운전 (2) 동기조상기 진상운전 (3) 전력용콘덴서(S.C) 계통 투입 (4) SVC, STATCOM 적용 (5) 무효전력 소비량 축소 (6) 역률개선용 콘덴서 투입 (수용가)	(1) 발전기의 진상운전 (2) 동기조상기 지상운전 (3) 분로리액터(Sh.R) 계통 투입 (4) 선로 충전용량 감소 (5) 지중케이블 운전 정지 (6) 역률개선용 콘덴서 개방 (수용가)

수 있는 가상의 단일, 이중 또는 다중의 전력설비 고장이다.

셋째, 안전성 또는 안전도(Security)다. 안전성이란 예기치 못한 비정상 전력설비 고장 시 전력계통이 붕괴되지 않고 견뎌낼 낼 수 있는 정도다. 거듭 강조하지만, 전력계통 운영에서 전기품질 유지와 전력계통 안전도 유지는 매우 중요한 요소이다. 전기품질 유지에는 주파수의 일정 범위 유지, 전압의 일정범위 유지 등이 포함된다.

전력계통 안전도 유지 관점에서 다루는 상정 고장으로는 154kV, 345kV, 765kV로 구성되는 송전선로 고장이 주로 나타난다. 상정 고장 발생에도 불구하고 안정적 전력공급을 유지하도록, 즉 부하차단이나 정전없이 전력을 공급하도록 정부에서 전력계통 신뢰도 유지 기준을 적용하고 있다.

참고로 우리나라 최대 용량 발전기는 원자력발전기이며 1기 용량이 1,400MW이다. 2030년에 달성할 신·재생에너지 6만 4,000MW는 원자력발전기 46기 용량에 해당한다. 이와 같이 미래의 신·재생에너지가 공급될 경우에 대비해 안정적 전력공급 정책이 절대 필요하다.

독일의 사례는 상당한 시사점을 준다. 독일의 2017년 기준 태양광 설비는 41GW, 풍력설비는 50GW가 설치됐다. 변동성 자원이 상당량 증가된 반면, 출력이 일정한 바이오매스 발전원이나 소수력발전 설비가 7GW 추가 설치됐다.

독일에서는 출력의 원격 측정이 불가능한 상태다. 전력계통 운영을 담당하는 관제센터에서는 신·재생에너지 출력을 추정에 의존하여 제어하고 있다. 출력제약(curtailment) 또한 과잉 발전 및 계통혼잡시, 전력망 운영 기관이 출력제약에 대해 비용을 지불해야 한다. 독일 정부의 태양광 보조금 지급 정책으로 인해 태양광 설치량이 폭발적으로 증가했으나, 그때까지 규정이 마련되지 않아 운영상 문제점을 야기했다.

이로 인해 주파수 변동은 심화됐고 주파수가 50.2Hz로 회복되는 순간 탈락됐던 태양광발전은 자동적으로 다시 전력망에 접속되어 주파수가 심하게 진동하는 현상이 발생됐고 이를 요요현상이라 지칭한다.

해외 사례에서 보는 바와 같이 신·재생에너지가 확산됨에 따라 기술적으로 고려해야 할 주요 사례들이 다양하다. 신·재생에너지에 의한 변동성 전력생산이 확산하고 있는 우리나라 상황에서 기존의 전통적 전력계통운영 기술만으로는 한계가 있다.

이런 상황 속에서 국내 연구진이 대용량 풍력발전기의 신뢰성 확보를 위한 '사전검증시스템(P-HILS)'을 개발했다. 한국에너지기술연구원에서 사전검증시스템을 개발했다.

풍력발전 제어시스템의 원가는 설비의 1% 미만으로 매우 적지만 성능에 따라 블레이드, 타워 등을 경량화함으로써 원가 절감에 크게 기여할 수 있다. 게다가 풍력발전기의 설비 용량을 늘려도 제어시스템 비용은 증가하지 않아 사실상 풍력발전기의 경쟁력을 강화하는 핵심 기술에 속한다. 연구팀이 개발한 시스템은 실시간 기반의 고속 연산을 통해 현재 보편적으로 사용하고 있는 10ms 제어주기의 풍력발전기 제어 알고리즘을 평가할 수 있다. 또한 신·재생에너지 비중증대에 따른 전력계통의 관성 저하문제에 대처하기 위한 합성관성 및 계통지원 기능의 다양한 조건에서 검증환경을 제공하고 이를 통해 계통의 유연성 확보가 가능하다.

사전검증시스템은 개방형 플랫폼 형태로 개발, 주요 구성품의 탈부착이 용이해 다양한 풍력발전기 종류와 내부 부품을 시험할 수 있다. 향후 서남해 대규모 풍력발전단지의 안정적 운영을 위한 유지보수 전문 인력을 양성하는 중요한 역할을 할 것이다.

제7장

전력계통 유연성 증대 방안

전력계통 운용의 유형
국내 전력유연성 개선 방안
재생에너지의 증가와 출력제어
풍력발전의 성장세
풍력발전기의 대형화 추세

⑦ 전력계통 유연성 증대 방안

☆ 전력계통 운용의 유형

종래 전력계통 운용 개념에 따르면 전력수요(소비전력) 쪽이 시시각각 변동하면, 그에 맞추어 발전 측의 출력을 시시각각 변화시켜 수요공급 균형을 맞추는 것이다. 기본적으로 전력이란 모아둘 수 없고 반드시 발전 전력과 소비 전력을 동일하게 운용해야 한다. 이를 '동시동량일'이라고 한다. 다시 말해 전원 쪽에서 시시때때로 변동하는 것이 아니라 인위적으로 제어하도록 하는 원리인 것이다.

그런데, 통상적으로 전력수요는 시시각각 변화하게 된다. 하루 중 수요가 최소인 시간대는 심야시간대이며 최대치는 대략 오후 2~3시 무렵이다. 또한 부하곡선(수요)을 보면 매일 변화한다. 계절에 따라서도 다르고 온도와 날씨에 따라 크게 다르다. 전력 계통의 운용자는 이러한 시시각각 변화하는 전력 수요를 예측하도록 고심하고 있다. 이는 컴퓨터가 알아서 계산해 주는 것이 아니라 숙련된 기술자가 경험을 통해 맞추는 것이다. 한국의 경우 대규모 발전·송전·배전의 각 분야를 모두 같은 회사가 소유·운영하는 형태가 일반적이다. 즉 단일 전력회사의 수직통합 형태를 취하고 있다.

　그러나, 유럽에서는 전혀 다른 유형이다. 발전·송전·배전을 한 회사가 소유·운용해서는 안 된다고 법제화 되어 있다. 각각 다른 회사로 운용이 나뉘어져 있다. 따라서 송전 부문을 소유·운용하고 있는 회사는 일반적으로 송전계통운용자(TSO), 또는 계통운용자로서 별도 사업자가 존재한다. 미국에서는 좀 더 복잡하다. 송전계통을 소유하고 있는 회사가 있지만, 그 운용은 공익적인 독립성이 요구되어 독립계통운용기관(ISO)이라는 비영리 단체가 운용하고 있다. 일반적으로는 '전력계통 운용자'라고 총칭하고 있다. 만약 수요예측이 빗나간다면 어떻게 될까.

　동시동량을 달성하지 못하면, 전력계통의 주파수 변동이 발생한다. 전력계통에 연결된 발전기는 모두 같은 주파수로 회전하고 있으며, 그에 따라 전력계통의 주파수가 유지되는 것이다. 따라서 부하(수요)가 갑자기 가벼워지면 발전기가 약간 빨리 회전하게 되고(공급이 수요보다 큰 경우), 부하가 갑자기 무거워지면 발전기 회전이 약간 느려진다(공급이 수요보다 작은 경우). 이처럼 수요와 공급의 균형이 깨지면 발전기의 회전속도가 변하기 때문에 주파수가 변화한다. 그런데도, 통상 주파수는 수요와 공급의 차이에 의해 미묘하게 변동한다. 그 허용폭을 한국에서는 상하 0.2헤르쯔로 정해져 있다. 따라서 정밀기기 등을 운전하는 대규모 수요자로부터 불만이 오는 경우도 있는데, 가능한 한 작은 변동폭으로 진정되도록 운용되고 있다.

　수요와 공급에 불균형이 발생한 경우 주파수가 약간 변동하면 이를 보정해야 한다. 이 경우 이 주파수의 변동폭이 커지지 않도록 몇 개의 전원이 순식간에 상하 출력의 균형을 잡고 주파수를 기준 주파수로 되돌리는 구조로 되어 있다. 이것을 주파수 제어라고 한다. 주파수 제어라는 동작은 전력계통의 신뢰도를 유지하는 데 매우 중요한 역할을 한다. 풍력발전을 계통에 연결하는 것은 확실히 가볍게 할 수 있는 것 아니기 때문이다.

등가수요=수요=변동전원

즉, 기본적으로 변동하는 수요와 전원 안에서 변동하는 것(주로 풍력과 태양광)을 함께 생각해 계통 전체에서 운용하는 방법이다. 여유 전원으로 등가수요의 변동을 조정한다. 풍력발전이 대량 도입되면 계통운용자가 대응해야 하는 변동성의 증가로 운용자에게는 큰 부담으로 작용한다. 등가수요에 의한 풍력발전의 전력변동 대응 기법은 미국 등에서 이미 일반화되어 있다.

선진국의 사례

전력계통 유연성(Power system flexibility)이란 전력수급 균형(Power balance)을 유지시키기 위해 발전과 부하를 조절할 수 있는 능력이다. 변동폭이 큰 신·재생에너지 보급 증가는 전력계통 유연성 요구량을 보다 증대시키는 요인으로 작용한다.

구 분	내 용
전력시장 제도 개선	.미국: 실시간 시장 정산주기 단축 .유럽: 당일 시장 개설 .공통: 변동적 신재생에너지 밸런싱 의무부여, 감발 제도
전력계통 운영 선진화	.공통: 풍력발전 예측 시스템 운영 .스페인: 신재생에너지 관제센터
유연성 제공 자원 확보	.미국 CAISO: Ramping product market 도입, ESS 의무화 .공통: 수요자원 보조서비스로 활용 .미국 PJM, CAISO: ESS 전력시장 진입장벽 완화

풍력발전 관련 주요 선진국에서는 전력시장의 제도개선을 보다 획기적으로 개선하고 있다.

위의 표에서 제시된 것처럼 제도개선 방안에는 실시간 시장의 정산 주기 단축, 당일 시장 도입, 변동적 재생에너지에 수급 균형 의무 부여 등이 있다. 제도적 개선을 통해 전력계통 유연성의 확보를 위해 추가적인 비용 투자 없이 잠재적으로 보유하고 있는 유연성을 이끌어 낼 수 있는 가장 경제적인 수단이다.

풍력발전의 비중이 높고 주변 전력시장과 계통연계가 제한적인 전력시장에서 계통운영 선진화 사례는 스페인과 미국의 텍사스를 들 수 있다. 스페인과 텍사스는 2015년 풍력 발전량의 비중에서 각각 17.6%, 11.7%였다. 스페인과 텍사스는 공통적으로 풍력발전 예측 시스템을 운영하여 급전계획에 활용하고 있다. 스페인은 중앙 및 신·재생에너지 운영센터를 통해 감시하고 제어를 실행한다. 텍사스는 갑작스러운 풍력발전의 변동에 대비해 대규모 출력변동 경보 시스템을 운영하고 있다. 유연성 제공 자원을 의무적으로 확보하고 있는 전력시장은 캘리포니아를 들 수 있다. 캘리포니아 공공 위원회(CPUC)는 발전사업자, 전기공급업자 등에게 ESS의 사용을 의무화했다. 주요 선진국은 비발전기 자원인 수요자원(Demand Response, DR)과 ESS를 주파수조정과 같은 보조서비스를 통해 유연성을 증대시키고 있다. 수요자원은 신속히 부하를

조절하여 주파수조정예비력에 활용이 가능하며 ESS는 우수한 대응력을 지니고 있어 주파수 조정용에 적합한 자원이다. 미국 및 유럽 국가의 전력시장에서는 수요자원을 보다 적극적으로 활용하기 위해 전력시장 참여 조건인 최소 용량 및 응답시간을 완화하고 있다.

✈ 국내 전력유연성 개선 방안

현재 국내 전력시장에는 실시간 시장(Real time market)은 기능하지 않고 있다. 수급불균형을 유발한 사업자에 부과하는 벌과금 제도가 없는 상황이다. 실시간 시장 도입으로 이중정산 시스템에 따라 변동적 신·재생에너지 사업자는 일반 발전사와 동일 또는 완화된 밸런싱 의무를 부과할 필요가 있다. 이는 발전량 예측 제고와 계획 발전량 준수 의무가 발생하므로 수급불균형에 따른 제약비용 증가와 같은 경제적 비효율성을 방지할 수 있다. 이에 따르는 갖가지 방안을 살펴보자.

첫째, 실시간 시장 가격이 형성되면, 유연성 제공 자원인 가스터빈, 양수와 같은 피크발전기와 DR, ESS와 같은 신기술이 적정한 보상을 받을 기회가 늘어나 수익성이 개선될 수 있다.

유럽 전력시장 처럼 하루 전 시장과 실시간 시장 사이에 당일시장(Intra-day market) 개설을 고려할 수 있다. 하루 전 시장과 실시간 시장 사이에 풍력발전의 예측 결과를 보다 빠르게 반영할 수 있다. 가스터빈보다 저렴한 발전기의 참여를 유도할 수 있다면 예비력 확보 비용을 감소시킬 수 있다. 주요 선국의 전력시장에서는 일반발전기와 동일한 수준의 수급균형 의무를 변동적 신·재생에너지에게 적용하고 있다. 그러나 변동적 신·재생에너지 산업의 초반에는 관련 산업이 성장할 수 있도록 보다 완화된 규칙을 설정해야 한다.

둘째, 신·재생에너지의 출력제약(Curtailment)에 대해서는 별도 보상을 고려해야 한다. 보상 규모는 풍력발전의 제약 발전량에 대해 시장가격으로 전액 보상하거나 사업자 손실액 부담률을 정하여 보상하는 방법을 고안할 수 있다.

셋째, 예측 시스템이 필요하다. 보다 안정적인 장단기 전력계통운영을 위해서는 변동적 신·재생에너지 발전 예측 시스템을 구축해야 한다. 순간적으로 풍력발전의 급격한 출력 변화를 사전에 경고를 보낼 수 있는 풍력발전의 증감발률 예측 시스템 구축을 고려할 수 있다. 리튬이온 기반의 ESS를 주파수 조정용으로 충분히 활용하기 위해서는 장주기 시스템 개발이 필요하다. 장주기 시스템의 경제성을 갖추는 요인은 배터리 비용의 하락과 15년 이상의 사용 수명이다.

넷째, 현재 국내 전력시장에는 하루 전 시장(Day-ahead market)만이 있고, 실시간 시장(Real time market)은 없는데, 이를 개선할 필요성이 증대되고 있다. 계획 발전량과 실제 발전량에 대한 차이를 유발한 사업자에 대한 벌과금이 없다. 현행 제도에서 불확실성과 변동성의 특성을 띤 태양광 및 풍력발전이 대규모로 계통에 병입되면 계획 발전량과 실제 발전량 차이가 확대된다. 이럴 경우, 실제 에너지 비용과는 거리가 있는 제약비발전 전력량 정산금(Constrained-OFF energy payment, COFF)이 증가할 것이다.

주)COFF는 발전기가 가격결정발전계획에 포함되었으나, 수요예측 오차 등으로 인하여 실제 발전하지 않은 전력량에 대한 정산금으로 시장가격과 발전하지 못한 전력량을 곱한 금액에서 변동비를 차감하여 정산한다. COFF 지급은 전력계통 안정화를 위해 해당 발전기에 순수 기회비용을 보상하는 제도이다

또한 전력계통 안정에 기여하는 자원에 대해 실시간 가격을 근거로 보상이 불가하여 적정한 보상을 할 수 없게 된다. 이에 따른 대책으로 주요 선진국의 전력시장과 같이 실시간 시장을

도입할 필요가 있다. 실시간 시장은 이중정산시스템으로 정산한다. 즉, 계획량과 실제 발전량 차이를 실시간 가격에 의해 정산하므로 하루 전 시장에서 결정된 발전계획을 이행할 의무가 발생한다. 변동적 신·재생에너지 사업자는 일반 발전사와 동일 또는 완화된 밸런싱 의무를 부여받게 되면 불균형에 따른 경제적 손실을 감소시킬 수 있다.

다섯째, 보조서비스 시장과 5분 단위의 실시간 시장 가격이 형성되면, 신기술이 적정한 보상을 받을 기회가 늘어 수익성이 개선될 수 있다. 실시간 시장은 5분 내지 10분 단위 전력거래를 통해 기장 비용 효과적인 계통 신뢰도를 확보 수단이며, 실시간 가격은 쌍무계약 등의 기준가격이 되며, 예상 실시간 가격으로 설비투자 의사결정에 활용할 수 있다.

여섯째, 하루 전 시장과 실시간 시장 사이에 당일 시장 개설을 고려할 수도 있다. 변동적 신·재생에너지가 증가하면 운영 예비력 확보 비용이 늘어날 것이다. 이에 대한 대책으로 하루 전 시장과 실시간 시장 사이에 풍력발전의 예측결과를 보다 빠르게 반영하여 피크 발전기보다 저렴한 발전기의 당일 시장 참여를 유도하여 예비력 확보 비용을 감소시킬 수 있다.

🌲 재생에너지의 증가와 출력제어

최근 들어 전력계통에 출력제어와 같은 이슈들이 빈발하고 있다. 그 배경에는 태양광전력이 급증했기 때문이다. 지난 2017년 태양광과 풍력을 합쳐야 6.2GW 수준이었던 신·재생에너지 설비 규모가 2022년 태양광만 20GW까지 크게 확대됐기 때문이다. 전력시장에서 주된 전력원으로 자리를 차지해가는 상황이다. 미미한 수준의 신·재생에너지가 화력과 원전이 차지하는 전력계통에 막대한 영향을 미치고 있고, 그로 인한 요구가 점차 커지고 있다는 점이다.

앞에서도 설명했지만, 이미 수년 전부터 제주에서 풍력발전 설비를 대상으로 수십차례 출력제어가 발생했다. 당초 출력제어 문제가 크게 화제가 되지 못했지만 2016년 6회에 불과했던 출력제어 횟수가 2019년에는 46회, 2020년 77회로 급증하면서 사회적 이슈로 부상하고 있는 것이다.

신·재생에너지 발전 사업자들은 전력 당국의 출력제어 문제를 두고 시스템 부재를 호소하고 있다. 보상은 물론, 기준 자체도 애매하다는 점이다. 어떤 설비가 어떤 기준에 의해 출력제어 지시를 받는지 명확하지 않다. 출력제어로 인해 막대한 설비 투자비를 회수하지 못하고 있다. 전력을 생산하고도 보상을 받지 못하는 것이다.

이 같은 상황에서 지난 3월 내놓은 정부 대책에 대해 전력생산업자들은 크게 반발하고 있다. 호남·경남 지역의 태양광 가운데 지속운전성능 미개선 설비를 대상을 최대 1.05GW까지 출력제어를 시행하겠다는 계획을 밝혔기 때문이다. 최근 들어 호남 지역에서 몇 차례 출력을 제어하는 일이 발생했지만, 이처럼 본격적으로 대규모 출력제어 계획이 나온건 처음이다.

아마도 전력 계통 불안정성이 증대되면서, 블랙아웃 등 돌발 사태를 미연 방지하기 위함일 것이다. 지금 이대로 전력 과잉생산을 방치할 경우, 전력 수요 피크 타임시 큰 문제가 발생할 것으로 예측하고 있다.

2022년 말 기준으로 태양광발전 총 설비는 20.3GW에 달한다. 이들 설비 가운데 호남권에 8.8GW(43.36%), 영남권에 4.7GW(23.23%)가 몰려 있다. 특히 2018년 이후 전북, 전남, 광주, 경남 인근지역 가운데 최대 밀집지역에서는 연간 약 1.2~1.9GW의 설비가 늘어날 정도로 빠른 확산 속도를 보이고 있다. 태양광 설비 규모가 늘어나는 현재 계통에 고장이 발생했을 때 태양광 발전설비가 함께 가동을 멈추는 문제가 최근 제기되면서, 한전을 중심으로 인버터 계통연계기능(지속운전성능) 개선 프로젝트도 함께 추진 중이다.

그러나, 일부 인버터 모델의 설비를 교체하는 경우, 이 비용은 정부가 비용을 부담하지 않고 저리 대출로 지원하겠다고 하면서 전력사업자들의 반발이 나오고 있다.

거듭 설명하면, 현재 우리나라에서는 신·재생에너지 설비의 증가로 인해 기존 발전 분야의 구도까지도 변화시키는 형국이 되고 있다. 기존 발전원들의 역할이 '안정적인 전력공급'에서 '전력계통 안정화'로 크게 바뀌는 양상이다.

이미 석탄·LNG 등 기존 전통 화력발전원은 계통 안정화용으로 최저 수준의 운전만 하고 있다. 아울러 신·재생에너지와 함께 경직성 전원인 원전 역시 출력제어의 한계에 봉착하고 있다. 이렇게 되면 향후 원전 가동률이 큰 폭으로 줄어들 것이라고 전망하고 있다.

탄소중립이 시대적 흐름이 된 만큼 기존 화력발전사업자들도 바뀐 역할에 대해서는 납득하고 있지만, 주류에서 밀려나는데 대한 불만의 소리를 내고 있다.

이들은 지속적인 출력제어가 발생하는 지금 계통의 유연성 확보에 대한 기여도를 제대로 평가해야 한다고 주장하고 있다. LNG 발전업계 한 관계자는 "재생에너지 증가로 인해 시장이 크게 바뀌고 우리 화력발전의 역할 역시 계통안정화를 위한 유연성 자원으로 바뀌고 있다"면서도 "그러나 우리가 시장에 기여하는 바에 대한 평가가 지나치게 박한 측면이 있다"며 불만 섞인 시선을 보내고 있다.

평활효과에 대하여

앞에서 설명했지만, 거듭 그 효과를 복기해본다. 신·재생에너지는 기존 화석연료 발전에 비해 온실가스 배출량이 극단적으로 작다는 장점이 있지만, 풍력, 태양광 등 신·재생에너지를 사용함으로써 단점 또한 존재한다. 신·재생에너지 중 크게 비중이 늘고 있는 풍력발전은 기후 상태에 따라 발전량이 불규칙적으로 변하는 간헐성(intermittency)과 발전에 필요한 자원을 직접 제어하지 못하는 급전 불가능성(non-dispathcability)이라는 특성을 가지고 있다.

이는 전력수급 계획수립과 계통운영(power system operation)에 중요한 문제를 야기한다. 전력수급 계획과 계통운영에서 가장 중요하게 고려하는 수급 밸런스 조절 문제를 더욱 복잡하게 만든다. 수급 밸런스 조절이란 전력 수요량을 전력 발전량과 균형을 맞추는 조건인데, 이를 실제 상황에서 만족하지 못할 경우 대규모 정전과 같은 큰 피해를 낼 수 있다.

신·재생에너지의 비율이 늘어남에 따라 이러한 수급 밸런스 조절에 불확실을 증가시킨다.

국내의 경우 발전량에서 점점 큰 비중을 차지하게 되는 신·재생에너지의 변동성을 정량화하는 것이 더욱 요구된다. 신·재생에너지의 양이 증가함에 따라 발전량의 변동성이 줄어드는 현상을 평활효과(Smoothing effect)라고 한다. 일본의 경우, 홋카이도 풍력발전단지가 늘어날수록 변동성이 줄어드는 것을 발견하였다.

평활효과의 뜻은 불규칙적인 발전량이 부드러운 형태로 변화되는 효과를 뜻하는데, 보통 이러한 효과를 상대적 발전량의 표준 편차 감소로 정의한다. 각 발전단지들을 개별로 보았을 때와 합산하여 보았을 때, 표준편차 변화를 보면 하나의 전력 계통에 풍력 발전소가 증가할 때 변동성이 줄어드는 평활효과를 확인할 수 있다. 여기서 합산하여 본다는 것은 개별 발전소들의 발전량을 모두 더하여 전체 용량으로 나눈 상대적 발전량의 통계치를 뜻한다.

또한 한국 기후 특징에 따라 봄, 겨울철에 발전량이 많아지면서 평활효과 또한 여름, 가을철에 비해 큰 것으로 나타났다. 발전량의 상관관계는 실제 바람권역의 영향이 크기 때문에 지형에 특성에 따라 거리와 상관관계는 서로 나타나지 않을 수 있다.

따라서 풍력발전단지를 세울 때 단지 평균 발전량이 클 것이라 예상되는 지역을 우선으로 고려하는 것보다, 기존 발전단지들과 상관관계를 고려하여 건설하는 것이 변동성을 줄이는 측면에서 도움이 될 수 있다. 신·재생에너지 발전은 변동성이 큰 특징을 가지고 있으므로 신·재생에너지 전체에 대해 통합적으로 고려하여 분석하는 것도 요구된다.

풍력발전의 성장세

각국의 계통 운용자들은 계통 안정도를 위협하지 않고 변동 전원을 대량 도입하려면 어떻게 해야 하는가에 고심하고 있다. 현재 가장 점유율이 큰 폭으로 늘고 있는 분야는 풍력발전이다. 그러나, 풍력 발전을 비롯한 변동 전원을 대량으로 도입하는 것은 확실히 도전적인 과제이다. 전력회사나 전력산업도 다가올 글로벌 시장에서 진정으로 생존을 건다면 안정공급과 더불어 안정공급+α를 생각해야 한다. 플러스 알파란 계통의 유연성을 확보하는 것이다. 이미 신·재생에너지 선진국에서는 FIT(고정가격매입제도)를 도입하고 있다. FIT는 본래 시장가격

보다 높은 가격에 재생에너지를 우선적으로 매입하기로 신·재생에너지의 보급을 촉진하기 위한 법제도이다. 신·재생에너지 선진국들은 급성장세를 보이고 있다. 독일은 2000년 이 제도를 토입한 이후 2020년엔 264배라는 폭발적 성장세를 보였다.

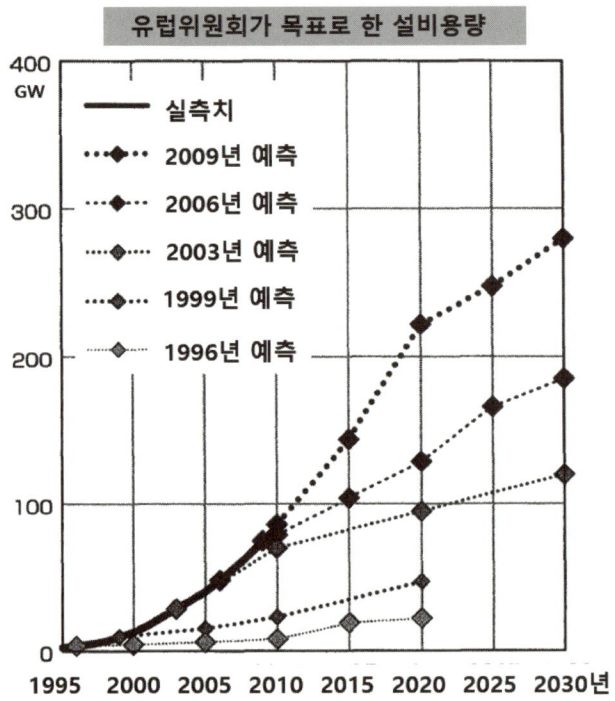

↑ 풍력발전기의 대형화 추세

현재 전 세계적으로 탄소중립 정책의 대안으로 풍력발전 기술이 나날이 발전하고 있다. 특히 미국의 기술발전 추세가 두드러진다. 글로벌 시장조사 기관인 IBIS 월드에 따르면 2021

년 말 기준으로 미국 풍력터빈 시장 규모는 전년대비 16.0% 성장한 112억 달러였다. 풍력발전 산업의 확장과 함께 미국 풍력터빈 시장은 2026년까지 향후 5년간 연평균 2.3%씩 성장하여 2026년에는 125억 달러가 될 전망이다. 특히 세계적으로 풍력발전에서 터빈의 대형화가 일반화되고 있고, 대형화 기술이 일취월장하고 있다. 현재 풍력터빈의 대형화 기술이 가장 눈에 띄는 변화이다. 터빈 블레이드는 지난 5~6년 사이 훨씬 더 길어져서 터빈의 회전 면적(Swept area)이 넓어짐에 따라 많은 바람을 포용하여 에너지를 더 생산할 수 있다. 또한 블레이드가 클수록 바람이 적은 곳에서 잘 작동하기 때문에, 터빈 설치를 고려할 수 있는 장소가 더 넓어지게 되는 것도 큰 장점이다. 또한 터빈의 대형화는 균등화 발전 비용 Levelized Cost of Energy(LCOE)을 절감하는데 도움이 된다.

지난 몇 년간 여러 업체들은 해상 부문용 대규모 터빈을 개발할 계획을 발표했다. 예를 들어 GE Renewable Energy의 Haliade-X 터빈은 최고 높이 260미터, 블레이드 길이 107미터, 로터 지름 220미터이며, 용량은 최고 14MW이다. 최근 풍력터빈 제조기술과 건설에서도 비약적인 진보가 두드러지고 있다.

전 세계 예상 전력수요와 신재생에너지 성장 추이

단위:TWH

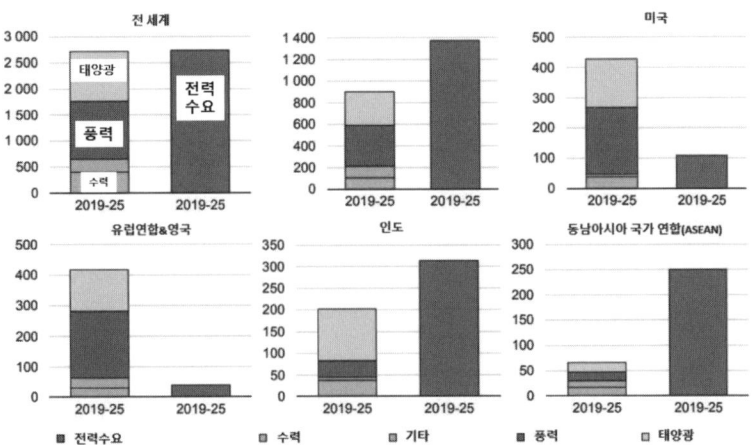

터빈 높이 용량 개발 추이(국제에너지기구)

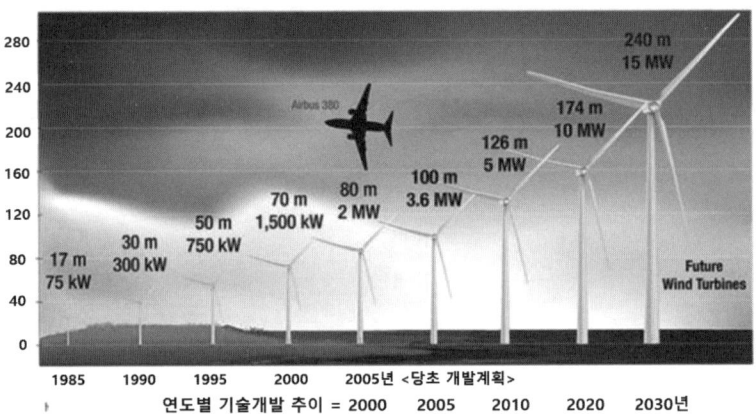

제8장

장주기 ESS 기술의 성장성

에너지저장 기술의 개요
대용량 장주기 ESS 개발 동향
전 세계 ESS 시장 전망

⑧ 장주기 ESS 기술의 성장성

↑ 에너지저장 기술의 개요

에너지저장장치(ESS)는 각종 발전설비에서 생산된 전력을 각종 저장 설비에 모았뒀다가 전력이 필요한 시기 운반, 공급하는 시스템이다. 전기는 기본적으로 다른 에너지원 대비 저장비용이 비싸고, 생산과 동시에 소비하는 것이 일반적이다. 하지만, 동절기와 하절기에 전력 수요가 높은 시기 전력을 집중해야할 필요성과, 신·재생에너지로부터 남아도는 잉여전력 등을 저장하는 기술이 점차 필요해지고 있다. 그러므로 ESS의 기술 개발과 더불어 시설 요구가 지속적으로 늘어날 것으로 예상되고 있다.

특히 해상풍력 발전의 경우, 민원이나 소음 피해가 거의 없는 먼바다에서 생산한 전기를 해저케이블을 이용해 육상으로의 송전하는 경우가 대부분이지만 대용량이거나 거리가 길 경우 경제성 등을 고려하여 현장에서 ESS에 직접 저장했다가 육상으로 운반하는 방법도 있을 수 있다. 이런 방법은 향후 배터리 가격과 안전성을 검토한 후 점진적으로 적용해 갈 것으로 기대된다. 또한 수전해방식을 이용해 수소를 만들어 수소캐리어를 이용하는 방법과 병행하여 발전해 갈 것으로 기대된다. 다음은 ESS의 특징을 정리했다.

첫째, 신·재생에너지와 연계하여 변동성 출력을 제어하고 전력계통을 안정화를 기할 수 있다.

둘째, 발전전력과 부하전력 사이의 불일치로 발생하는 주파수 변화를 조정할 여력이 생긴다.

셋째, 소비량보다 과다하게 발전된 잉여전력이나 저렴한 심야전기를 저장 후 전력 부족 시 공급할 예비능력을 확보할 수 있다.

넷째, 발전소 전력생산이 일시 중단되더라도 일시적으로 안정적 전력을 신속하게 공급할 수 있다.

다섯째, 에너지 수급 안정화를 위해 잉여전력 저장, 피크 저감, 부하이동 및 송배전망 신증설을 대체하기 위해 활용되는 ESS는 장주기 ESS로 구분하며, 수십~수백 MW의 출력과 4시간 이상의 충·방전 시간을 확보할 수 있다.

아울러 ESS는 변환 에너지 유형에 따라 전기화학적 저장, 기계적 저장, 열저장, 화학적 저장 등 4가지로 분류할 수 있다.

첫째, 전기화학적 저장은 주로 배터리 기반의 ESS를 가리킨다. 상용화 단계의 리튬이온 배터리(LiB)를 비롯해 나트륨 이온 배터리, 용융 금속 배터리 등이 개발 중이다. 나트륨 이온 배터리는 기존의 리튬 이온 배터리를 대체하기 위해 개발되는 2차

전지이며, 리튬 이온에 비해 개발 비용이 저렴하다. 용융 금속 배터리는 높은 온도에서 용융된 염화나트륨(NaCl)을 전해질로 사용하는 배터리이며 용융염을 고열로 용융시키면 전기를 생산할 수 있다.

둘째, 기계적 저장은 전력을 운동에너지 또는 공기 압력을 변화시켜 저장하는 기술이다. 대표적인 기술은 양수발전, 플라이휠, 중력에너지 저장, 압축 및 액화 공기저장이 있다. 양수발전은 잉여전력을 활용해 물을 상부 저수지에 양수 후 저장해 두었다가 전력이 필요한 경우 물을 하부 저수지로 흘려서 수차발전기를 운전해 발전하는 기술이며, 전 세계적으로 대용량 장주기 ESS에 활용되고 있다. 액화공기 에너지저장 기술은 잉여전력을 이용해 액화기를 운전시켜 공기를 액화시킨 후 별도의 저장 공간에 저장해 두었다가 전력이 필요할 때 액화공기를 기화시킨 후 에어터빈에 공급해 발전하는 기술이다.

셋째, 열저장은 전력을 이용해 히트펌프나 전기 히터를 운전해 열을 생산한 후 열저장 매체에 저장하는 기술이다. 주로 활용되는 열저장 매체는 용융염, 화산암, 콘크리트가 있으며 실리콘 기반의 초고온 열저장 매체 또한 개발단계에 있다. 열저장 기술 중 기존 석탄화력발전의 폐쇄에 따른 좌초자산 (증기발생기, 증기터빈, 송변전 설비, 석탄 선적 항만 부지 등)을 활용해 저장된 열로 증기를 발생시킨 후 증기터빈을 운전하여 전력을 생산하는 기술이다.

넷째, 화학적 저장인데, 최근 가장 각광 받는 ESS이다. 전력을 이용하여 수전해 설비를 운전하여 수소를 생산한 후 저장해 두었다가 필요시 발전에 활용할 수 있는 기술이다. 수소경제 시대에 중요한 P2G(Power to Gas) 기술은 신·재생에너지로부터 발생하는 잉여전력을 활용하여 수소를 생산·공급하는 비즈니스 모델로 주목받고 있다.

현재 ESS는 지난 2021년 국 내·외에서 기술 개발 추진 중인 23개 에너지 저장기술의 개발 현황을 분석하였고, 5개의 최적 기술을 선정해 기술개발 중이다.

대용량 장주기 ESS 개발 동향

IRENA(국제재생에너지기구)에서 2022년 발행한 'World Energy Transitions Outlook 2022 : 1.5℃ Pathway'는 이렇게 제안한다. 전 세계의 평균 기온 상승치를 1.5℃로 억제해 기후 위기를 사전 차단하기 위해 2030년까지 재생에너지 발전 비중을 전체 발전 비중의 65%로 제안하고, 추가로 설치할 신·재생에너지 발전 용량으로 8,000GW를 달성해 2050년 탄소중립을 실현한다는 목표이다.

지난 7년 동안 ESS는 대부분 단주기 위주로 보급됐다. 그러나, 현재 시점에서는 해상풍력발전 등 대규모 재생에너지 발전단지의 변동성 출력에 맞추기 위해 장주기 ESS의 필요성이 증대되고 있다.

  우리나라에서는 2050 탄소중립 실현을 위해 2017년 수립한 재생에너지 3020 정책에 따라 2030 국가온실가스 감축목표(NDC) 상향 및 2050 탄소중립 시나리오가 구체화 되고 있다. 이를 위해서는 2022년 약 29GW의 발전 용량을 2030년 약 72GW로 3배 가까이 늘려야 한다.

  2030년까지 신·재생에너지 발전 비중을 20%까지 늘려야 한다. 이에 따라 변동성 전원 증대로 인한 계통 불안정성에 반드시 대비해야 한다. 이는 대용량 장주기 ESS와 송전망의 확충이 필수적으로 선행되어야 함으로 의미한다.

  지난 3월 기준 국내 지역별 신·재생에너지 발전 현황은 호남권 9.6GW(33%), 영남권 6.0GW(21%) 수준으로 전력인프라가 상대적으로 부족한 영·호남 농어촌 지역에 집중(54%)되어 있다. 지속적인 송배전망 보강에도 불구하고 접속용량 부족 및 접속대기 문제가 발생하고 있다. 제주지역에서는 전력수요 대비 신·재생에너지 급증에 따른 발전력 과잉 현상으로 인해 풍력발전 출력제한(Curtailment)을 장기간 시행하고 있으며, 전력계통의 안정적인 운영에 어려움이 발생하고 있다. 따라서 이러한 현상을 효과적으로 해결하기 위한 압축 공기 저장이나 열저장 등 대용량 장주기 에너지저장장치의 도입이 시급하다.

↟ 전 세계 ESS 시장 전망

장주기 ESS는 다음 네 가지 용도로 주로 활용된다.

첫째, 최대 전력 수요 시간으로 에너지를 이동하기 위한 '재생에너지 이동' 목적으로 활용된다. 둘째, 최대 전력수요를 제대로 처리할 수 있도록 '송배전 자산 최적화' 목적으로 활용된다. 셋째, 전력계통 내 기존 발전용량의 요구 사항을 지원하기 위해 제공 가능한 '예비 용량' 기능으로 활용된다. 넷째, 도서 지역과 같이 주요 전력 그리드에 접속하지 못하는 경우 마이크로그리드의 역할에 활용된다.

장주기 ESS는 2018년에서 2027년까지 전 세계적으로 신규 설치 용량이 꾸준히 증가할 전망이다. 향후 전력계통의 신규 창출로 풍력 및 태양광과 연계된 장주기 에너지 저장 보급이 대폭 확대될 전망이다.

새로 설치될 장주기 ESS 설비는 2027년까지 아시아 태평양, 서유럽 및 북미 지역에 주로 들어설 전망이다. 아시아 태평양을 비롯한 이들 지역의 비중은 87%에 달할 전망이다.

향후 도입되는 장주기 ESS의 80%는 리튬이온 배터리 기반 ESS가 될 전망이다. 8~12시간 에너지 저장을 위한 장주기 ESS 설비는 2027년까지 총 ESS의 91.3%에 이를 것이며, 누적 시장 규모가 39.4GWh 수준이 될 전망이다.

장주기 에너지 저장 수요를 주도하는 특정 요인은 전 세계 시장에서 상당히 다양하다. 장주기 ESS에 대한 수요증가의 가장 큰 원동력은 재생에너지 발전의 보급 증가이다. 신·재생에너지 발전 용량이 크지 않으면 장주기 ESS의 경제성이 낮아진다. 각국은 지금 재생에너지 발전에 크게 의존하는 전력 시스템의 핵심 요소로서 장주기 ESS의 중요성을 인식하고 시장의 성장을 지원해 왔다. 이러한 노력에는 새로운 프로젝트를 위한 신속한 허가와 보조금 지원 등 다양한 조치가 포함됐다.

재생에너지의 보급률이 높은 지역에서는 발전 중 발전 단가가 하락하거나 과잉 발전에 따른 잉여전력이 발생하게 되므로 ESS의 활용성이 증대된다. ESS는 열, 전기, 수소를 포함한 다양한 에너지원을 매개체로 유동성, 산업 및 청정 전력 부문 간의 상호 결합이 필요하다. ESS개발자와 공급자는 지역 유틸리티 및 전력계통 운영자와 긴밀히 협력해 그들의 요구와 견해를 인식하는 것이 필수적이다. ESS는 최종 목표와 연계된 기술, 즉 저렴한 청정에너지 기술을 보다 적극적으로 채택 → 개발 → 보급하는 것이 중요하다. 다시 말해 미래형 가치사슬을 구축해야 한다. 2030년까지 온실가스 배출량 감축목표를 달성하고, 친환경 에너지 발전 비중을 높이기 위한 장주기 ESS가 필요하다. 2025년까지의 단기 기술확보 전략으로는 첫째, 에너지 수요처 인근에 조성이 가능한 최적 재생에너지 발전원 도출, 둘째, 도입 가능한 에너지 저장 믹스 도출, 셋째, ESS에 적합한 최적 입지조건이다. 2029년까지의 중기 기술 확보 전략으로는 에너지 저장기술 대용량화 및 고에너지밀도 확보, 재생에너지 발전단지 - 대용량 에너지 저장단지 연계 운전 기술 확보, ③ 해양에너지 저장 기술 타당성 검토 및 최적 후보지 선정이 될 것이다. 2030년 이후 장기 전략으로는 에너지 저장기술 포트폴리오를 확보하고, 하이브리드 에너지 저장기술을 개발하며, ESS의 효과적으로 활용하는 것이다.

풍력발전-기초에서 전문까지

1판 인쇄	2024년 2월 20일
1판 발행	2024년 3월 01일

지은이	이순형
번역 편집	정예슬
펴낸곳	쇼팽의 서재
편집기획	남광희
편집디자인	송혜근
표지디자인	정예슬

출판등록	2011년 10월 12일 제2021-000253호
주소	서울 강남구 역삼동 613-14
이메일	jswook843100@naver.com
	j44776002@gmail.com
인쇄 제본	국인사
배본 발송	출판물류 비상

잘못 만들어진 책은 바꿔 드립니다.
이 책은 대한민국 저작권법에 따라 국립중앙도서관 등록도서임으로 무단 전제와 복제를 금지하며,
이 책 내용을 일부 또는 전부 사용하려면 반드시 쇼팽의서재로부터 서면 동의를 받아야 합니다.